智能媒体交互系列教程

王建民　主编

三维建模与渲染：
Maya建模与Arnold渲染百问

廖莎莎　著

同济大学 出版社
TONGJI UNIVERSITY PRESS

图书在版编目（CIP）数据

三维建模与渲染：Maya建模与Arnold渲染百问 / 廖
莎莎著. -- 上海：同济大学出版社，2022.7
（智能媒体交互系列教程 / 王建民主编）
ISBN 978-7-5765-0242-8

Ⅰ.①三… Ⅱ.①廖… Ⅲ.①三维动画软件—教材
Ⅳ.①TP391.414

中国版本图书馆 CIP 数据核字（2022）第 100133 号

三维建模与渲染：Maya 建模与 Arnold 渲染百问

廖莎莎　著

责任编辑	张　睿	**责任校对**	徐春莲			
封面设计	蔡　涛	**封面制图**	廖莎莎	**封面执行**	陈益平	

出版发行　同济大学出版社　　www.tongjipress.com.cn
　　　　　（地址：上海市四平路 1239 号　邮编：200092　电话：021-65985622）
经　　销　全国各地新华书店
制　　作　南京月叶图文制作有限公司
印　　刷　上海安枫印务有限公司
开　　本　710 mm×1000 mm　1/16
印　　张　10.5
字　　数　210 000
版　　次　2022 年 7 月第 1 版　　2022 年 7 月第 1 次印刷
书　　号　ISBN 978-7-5765-0242-8

定　　价　65.00 元

智能媒体交互系列教程
编 委 会

总序

同济大学艺术与传媒学院，一直聚焦于"全媒体和大艺术"，注重"以美育人、以文化人"，致力于培养具有新理念、新视野、新技能的艺术与传媒领域社会栋梁和专业精英。同济大学艺术与传媒学院作为上海市委宣传部部校共建新闻传播学院（2018—2021，2022—2025），获批中国科协办公厅等部门组织的2021年度学风传承示范基地、教育部高校学生司首批供需对接就业育人项目获批单位（2022）；2021年获文化和旅游部中国文化艺术政府奖第四届动漫奖"最佳动漫教育机构"奖；2019年获批上海市高校课程思政领航学院，入选同济大学首批"三全育人"综合改革试点学院。动画专业（2020）、广播电视编导专业（2021）成为国家一流本科专业建设点，动画专业2022年软科入列A＋专业，排名第四。

2011年前后，时任同济大学传播与艺术学院院长王荔教授致力于构建学院教育部数字媒体艺术人才培养模式创新实验区，在教育部特色专业——动画专业建设过程中，出版了"中国高校动画专业系列教材"，为同济大学动画专业发展奠定了扎实的基础。

时光飞逝、岁月如梭，同济大学艺术与传媒学院动画专业逐步形成以动画内涵为基础、以智能媒体交互为特色的专业建设格局，形成了从智能媒体交互（微专业），到设计学、MFA（艺术设计）等学术和专业硕士及设计学（新媒体艺术）博士培养方向的全链条专业体系，动画专业在人才培训、艺术创作、学术研究、服务社会等领域都得到了长足的发展。

在以学院动画专业教师为核心、学院各专业教师的联动支持下，经过专业论证、学院批准，逐步规划形成了"智能媒体交互系列教程"。该系列教程的出版是同济大学艺术与传媒学院在同济大学人工智能赋能专业建设的重要举措，也是学院全面增强动画、数字媒体领域的专业和课程建设，积极融入同济大学人工智能发展元素，面向行业应用领域重要方向、面向国家重点发展领域及新兴方向的重要建设举措。

"智能媒体交互系列教程"的编纂，目前全部由同济大学艺术与传媒学院在任教师完成，是学院在媒体、艺术和设计相关课程教学中的知识沉淀，也是学院对于人工智能融入专业建设的思考和重要举措。

"智能媒体交互系列教程"的出版得到了同济大学与上海市委宣传部部校共建暨院媒合作项目的支持，以及中国电子视像行业协会智能交互技术工作委员会的技术指导。

由于时间仓促，"智能媒体交互系列教程"还受学院目前的人才团队、发展现状的限制，不足之处，请各高校师生、学者及媒体设计从业人员给予意见和建议。

教授

同济大学艺术与传媒学院副院长

中国电子视像行业协会智能交互技术工作委员会主任

2022 年 6 月 10 日

前言

　　在互联网时代，年轻学子们越来越倾向于从网络而不是书本中获取学习资源。尤其是三维数字技术这类与计算机软硬件发展紧密结合、技术进步日新月异的领域，互联网上每天都会涌现成千上万的技术文献、视频教程、网帖讨论，只要进行适当的搜索和挑选就能很容易地获取信息。而教材因为出版的周期比较长，很可能因为软件的频繁升级和新插件的应用导致出版以后很快就过时了。那么什么样的教材才能有较长的"保质期"，并能被学习者置于手边经常翻阅？以我的经验来看，我给自己准备了一本教案笔记本，它就摆在电脑旁边，15年来每次备课我都会对它增增补补、写写画画，各种颜色的文字糅在一起都快分辨不清字迹，书页也几近散架。这样一本破旧的笔记本就是我最宝贵的学习资料，每每遇到问题时就第一时间翻阅它，解决了问题以后又会很仔细地将解决方法记录进去。这么多年过去了，笔记里的部分内容早已被淘汰舍弃，但还有一些内容却始终像金子一样闪闪发光。于是，我将笔记里经多年"大浪淘沙"仍保有价值的东西精心收集、整理、分类、归纳，以问题为线索，模仿学生在学习过程中遇到问题寻找答案的方式汇编成书，以便读者更容易理解和搜索信息。

　　本书力求做到覆盖 Maya 软件操作、基础建模、Arnold 渲染的核心知识点，并对软件涉及的基础概念进行讲解。这些知识点和概念在软件持续升级改版中始终具有重要的指导意义，是初学者在三维建模和渲染学习过程中必须掌握的基本内容。书页上特意设置的留白处还可让读者自己增补信息、添加批注，让这本教材变成真正的"学霸笔记"。

　　路漫漫其修远兮，吾将上下而求索。三维数字技术的学习没有尽头，只有不畏困难险阻，方能有所收获。

廖莎莎

2021 年 12 月

目录

总序

前言

三维动画概述 ·· 1

  第 1 问　三维技术的应用领域有哪些？ ·································· 1

  第 2 问　三维动画的制作流程是怎样的？ ······························· 2

  第 3 问　在国际上有哪些主流的三维动画软件？ ················· 4

Maya 软件界面 ··· 7

  第 4 问　初学者应该选择什么版本的 Maya 软件？ ············· 7

  第 5 问　如何改变 Maya 软件的操作语言？ ························· 8

  第 6 问　Maya 界面各元素和区域的名称是什么？ ············· 9

  第 7 问　Maya 界面的某些元素和区域被关闭了，应该在哪里打开？ ·············· 11

  第 8 问　为什么 Menus（菜单栏）会出现变化？ ················· 12

Maya 基本操作 ··· 14

  第 9 问　如何安全地保存文件，尽量减小文件损坏带来的损失？ ·············· 14

  第 10 问　如何使用查找功能？ ··· 16

  第 11 问　如何使用 Maya 的 Help（帮助文档）？ ············· 18

  第 12 问　如何将 Maya 恢复到最初的设置状态？ ············· 20

  第 13 问　为什么要创建 Project（项目）？ ························· 21

  第 14 问　如何将与场景有关的文件自动打包？ ················· 22

  第 15 问　如何修改 Undo（撤销）的次数？ ······················· 23

第 16 问　Maya 操作时需要注意选择顺序吗？ ………………………… 24

第 17 问　如何将操作命令添加到工具架上？ ……………………………… 25

第 18 问　Duplicate 和 Duplicate Special 有什么区别？ ………………… 26

第 19 问　为什么不能用【Ctrl】+【C】/【Ctrl】+【V】替代【Ctrl】+【D】
　　　　　操作？ ……………………………………………………………… 28

第 20 问　Maya 有什么命名规范？ ……………………………………… 29

第 21 问　如何给常用命令设置热键？ …………………………………… 30

第 22 问　Maya 的预置热键里，有哪些是需要牢记的？ ……………… 32

Maya 建模基础……………………………………………………………… 42

第 23 问　与建模有关的 Object（对象）类型有哪些？ ………………… 42

第 24 问　如何快速选中网格的循环组件？ ……………………………… 44

第 25 问　在多边形上删除边时，为什么要用【Ctrl】+【Delete】，而不能直接
　　　　　用【Delete】？ …………………………………………………… 46

第 26 问　什么是 Maya 的 Nodes（节点）？ …………………………… 47

第 27 问　如何删除构建对象时产生的历史记录节点？ ………………… 50

第 28 问　什么叫 Normal（法线）？ …………………………………… 51

第 29 问　如果物体的一些面变成黑色，怎样做才能恢复正常显示？ ……… 52

第 30 问　左右两半网格合成一个网格后，中间有条明显的线是怎么回事？ … 53

第 31 问　为什么有时候做 Booleans（布尔运算）操作会失败？ ……… 54

第 32 问　Union（并集）命令与 Combine（结合）命令有什么区别？ ……… 55

第 33 问　什么是 non-manifold topology polygons（非流形拓扑多边形）？ …… 56

第 34 问　什么是 non-planar polygons（非平面多边形）？ …………… 57

第 35 问　如何 Clean up（清理）多边形网格？ ……………………… 58

第 36 问　如何 polyRetopo（重新拓扑面）？ ………………………… 59

第 37 问　重新拓扑后的网格如何保持中线不变？ ……………………… 60

第 38 问　为什么选择 Cube（立方体），而不是 Sphere（球体）来作为球状物体
　　　　　建模的初始基本体？ …………………………………………… 61

第 39 问　如何给多边形网格选择合适的 Mapping UVs（UV 映射方式）？ …… 62

第 40 问　为什么一个 UV 壳线的颜色会溢出到其他 UV 壳线内（Texture bleeding）？ ………………………………………………………………… 64

第 41 问　给复杂的物体展 UV 需要注意什么？ ……………………………… 65

第 42 问　纹理大小如何与实际面积大小相匹配？ ………………………… 66

第 43 问　如何给网格应用 UV Set（UV 集）？ …………………………… 68

第 44 问　如何设置多边形物体背面不可见（Backface Culling）？ ……… 69

第 45 问　如何给多边形创建倒角？ ………………………………………… 70

第 46 问　使用 Bridge（桥接）命令时，为什么生成的桥体嵌入模型内部了？ …………………………………………………………………………… 71

第 47 问　使用多边形建模中的 Extrude（挤出）命令时，有什么需要注意的地方？ ……………………………………………………………………… 72

第 48 问　如何在 Nurbs 曲面上挖洞？ …………………………………… 73

第 49 问　如何在三维空间中绘制曲线？ …………………………………… 74

第 50 问　将曲面转为多边形时选哪种转换方式更好？ …………………… 75

第 51 问　向曲面投影曲线时，为什么投影出的曲线是断开的？ ………… 76

第 52 问　使用曲面建模的 Extrude（挤出）操作，为什么得到的曲面与路径不符？ ………………………………………………………………………… 77

Arnold 渲染 ……………………………………………………………………… 78

第 53 问　Maya 原生 Shader（着色器）都有什么种类和特点？ ………… 78

第 54 问　Arnold 支持哪些 Maya 原生的渲染节点？ …………………… 81

第 55 问　如何使用网上下载的材质库？ …………………………………… 84

第 56 问　怎样查看 Shader（着色器）与物体的关系？ ………………… 85

第 57 问　在 Hypershade（材质编辑器）里有哪些复制渲染节点的方法？ …………………………………………………………………………… 86

第 58 问　在 Arnold 中如何降噪（Removing Noise）？ ……………… 88

第 59 问　为什么有时候使用 Arnold RenderView（Arnold 渲染视窗）不能渲染出场景中已做的修改？ …………………………………………………… 91

第 60 问　为什么渲染视窗里显示的图像颜色与保存到本地的图像颜色看起来
　　　　　不一样？ ⋯⋯⋯⋯⋯⋯⋯⋯⋯⋯⋯⋯⋯⋯⋯⋯⋯⋯⋯⋯⋯⋯ 92

第 61 问　Maya 支持哪些图片输出格式？ ⋯⋯⋯⋯⋯⋯⋯⋯⋯⋯⋯⋯⋯ 93

第 62 问　Bump（凹凸）和 Displacement（置换）有什么区别？ ⋯⋯⋯ 96

第 63 问　如何叠加使用 Bump（凹凸）纹理？ ⋯⋯⋯⋯⋯⋯⋯⋯⋯⋯⋯ 97

第 64 问　2D/3D Texture（程序纹理）和 File Texture（文件纹理）各有什么
　　　　　优缺点？ ⋯⋯⋯⋯⋯⋯⋯⋯⋯⋯⋯⋯⋯⋯⋯⋯⋯⋯⋯⋯⋯⋯⋯ 99

第 65 问　在 Arnold 中，灯光的强度由哪些参数决定？ ⋯⋯⋯⋯⋯⋯ 100

第 66 问　如何渲染出边缘虚化的阴影？ ⋯⋯⋯⋯⋯⋯⋯⋯⋯⋯⋯⋯⋯ 101

第 67 问　Arnold 的 Light Filters（灯光过滤器）怎么使用？ ⋯⋯⋯⋯ 102

第 68 问　如何用 Color Temperature（色温）来调节灯光的颜色？ ⋯⋯⋯ 104

第 69 问　Sky Shader（天空着色器）和 Skydome Light（天穹灯光）有什么
　　　　　区别？ ⋯⋯⋯⋯⋯⋯⋯⋯⋯⋯⋯⋯⋯⋯⋯⋯⋯⋯⋯⋯⋯⋯⋯ 106

第 70 问　什么是 HDRI 贴图？ ⋯⋯⋯⋯⋯⋯⋯⋯⋯⋯⋯⋯⋯⋯⋯⋯⋯ 107

第 71 问　如何给场景添加大气效果？ ⋯⋯⋯⋯⋯⋯⋯⋯⋯⋯⋯⋯⋯⋯ 109

第 72 问　如何直接在 3D 对象上绘制图案（3D Paint）？ ⋯⋯⋯⋯⋯⋯ 110

第 73 问　能在 Maya 中直接修改 File Texture（文件纹理）的颜色吗？ ⋯⋯ 112

第 74 问　如何赋予物体随机的颜色？ ⋯⋯⋯⋯⋯⋯⋯⋯⋯⋯⋯⋯⋯⋯ 113

第 75 问　aiStandardSurface（标准曲面着色器）里的 coat（涂层）为什么不能
　　　　　显示白色图案？ ⋯⋯⋯⋯⋯⋯⋯⋯⋯⋯⋯⋯⋯⋯⋯⋯⋯⋯⋯ 115

第 76 问　aiFacing Ratio（正面比）节点的工作原理是什么？ ⋯⋯⋯⋯ 116

第 77 问　在 Arnold 中如何渲染二维卡通效果？ ⋯⋯⋯⋯⋯⋯⋯⋯⋯ 118

第 78 问　如何使用 OSL 着色器？ ⋯⋯⋯⋯⋯⋯⋯⋯⋯⋯⋯⋯⋯⋯⋯ 120

第 79 问　如何制作多层材质效果？ ⋯⋯⋯⋯⋯⋯⋯⋯⋯⋯⋯⋯⋯⋯⋯ 122

第 80 问　为什么 Transmission（透射）权重值为 1 时物体还是渲染不出透明
　　　　　效果？ ⋯⋯⋯⋯⋯⋯⋯⋯⋯⋯⋯⋯⋯⋯⋯⋯⋯⋯⋯⋯⋯⋯ 123

第 81 问　为什么透明物体的影子不透明？ ⋯⋯⋯⋯⋯⋯⋯⋯⋯⋯⋯⋯ 124

第 82 问　为什么透明物体内部的物体渲染出来呈现黑色？ ⋯⋯⋯⋯⋯ 125

第 83 问　渲染半透明磨砂效果应该调整哪些参数？ …………………………… 126

第 84 问　如何用 Arnold 渲染器渲染透明物体的 Caustics（焦散）效果？ …… 127

第 85 问　如何用 aiStandardSurface（标准曲面着色器）模拟牛奶材质？ …… 128

第 86 问　如何渲染几个 SSS 物体融合到一起的效果？ …………………… 130

第 87 问　当物体没有厚度时，SSS 效果为什么渲染不出来？ …………… 131

第 88 问　如何模拟水下光照效果？ ………………………………………… 132

第 89 问　如何模拟水体中的杂质？ ………………………………………… 135

第 90 问　如何渲染 Paint Effects 笔刷画出的物体？ ……………………… 137

第 91 问　摄影机的 Focal Length（焦距）参数怎样调节？ ……………… 138

第 92 问　立体图像的原理是什么？ ………………………………………… 139

第 93 问　如何使用 Maya 软件制作立体图像？ …………………………… 141

第 94 问　如何在摄影机参数中设置 DOF（景深）效果？ ………………… 143

第 95 问　如何用 Z 深度通道合成景深效果？ …………………………… 144

第 96 问　如何渲染图片序列？ ……………………………………………… 147

第 97 问　Maya 渲染的序列帧图片用什么软件查看？ …………………… 149

第 98 问　如何批量修改图片序列的名称或类型？ ……………………… 150

第 99 问　如何用表达式控制图片序列的使用？ ………………………… 151

第 100 问　用 MEL 语言编写表达式时有什么基本的知识点需要掌握？ …… 152

三维动画概述

第 1 问　三维技术的应用领域有哪些？

（1）影视产业： 除了动画片以外，真人电影、电视剧、音乐电视、科教片、栏目包装等都需要用到三维技术的支持。

（2）电子游戏： 电子游戏市场前景光明，三维化是当代游戏发展的大势所趋，三维技术在游戏业界的应用广泛。

（3）商业广告： 广告是仅次于影视最能展示三维技术魅力的舞台，三维技术的灵活性特别适合表达光怪陆离的创意，对广告片的高额投资是使用三维技术的前提，这些都导致了三维技术在广告业中的广泛运用。

（4）建筑设计： 三维技术在建筑设计上也有非常广泛的运用范围，直接引导了建筑可视化的发展。人们可以通过三维技术展示建筑的效果图和巡游动画，使之更直观也有更好的观看体验。

（5）艺术展演： 在世界各国杰出艺术家的共同努力下，运用三维技术进行创作的艺术作品层出不穷，在世界各地的剧场、博物馆、艺术馆甚至公共空间举办了大量震慑人心的展演。

（6）其他： 三维技术实际上已经几乎渗透进了各行各业，凡是有视觉表现需求的行业或领域均有覆盖，从医学领域到汽车行业、从工业设计到航天工程，三维技术的应用越来越广泛。

第 2 问　三维动画的制作流程是怎样的？

（1）**前期设计**：在这一阶段，需要构思创意，收集参考资料、贴图素材，完成剧本、场景设计、角色设计、分镜设计等工作。这是三维动画的根基，后续工作都基于此。

（2）**建模**：用适宜的三维建模软件和方法搭建角色模型、场景模型、道具模型等。

（3）**材质与贴图**：展 UV、画贴图，给模型赋予材质，使模型呈现出想要的外观。

（4）**骨骼绑定**：给模型绑定骨骼系统并进行蒙皮。

（5）**动画**：这一阶段就是制作动画了，这里需要运用正向运动学、反向运动学、模拟动力学及运动捕捉等知识技术。

（6）**灯光**：用不同类型的照明方法给场景布光。

（7）**渲染**：将场景的灯光、材质分层渲染出高质量的图片序列。

（8）**后期**：在后期这一步，需要做的工作有分层合成、剪辑、色彩校正、其他特效和配音配乐。

（9）**输出成品**：将之前所有的工作以视频的形式输出。

二维动画、三维动画、定格动画的制作流程如图 1 所示。

笔记

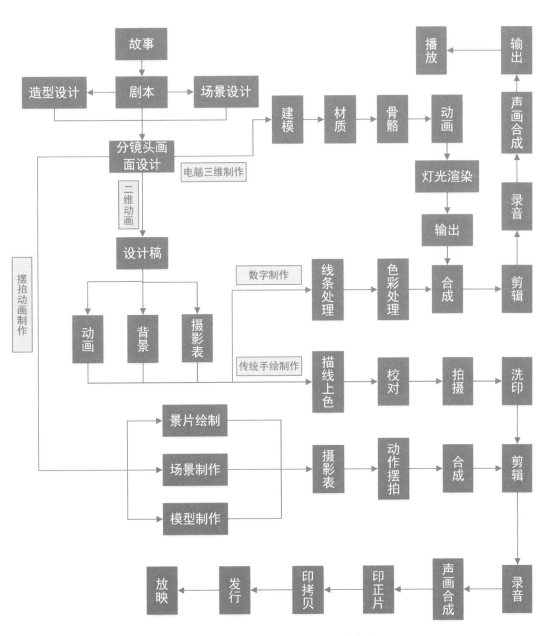

▲　图1　二维、三维、定格动画制作流程

第 3 问　在国际上有哪些主流的三维动画软件？

三维动画软件大致包括以下四类。

1. 综合性软件

(1) Maya：Autodesk Maya 是美国 Autodesk 公司出品的世界顶级的三维动画软件，应用对象是专业的影视广告，角色动画，电影特技等。Maya 功能完善，工作灵活，易学易用，制作效率极高，渲染真实感极强，是电影级别的高端制作软件。

(2) 3DS Max：3D Studio Max，常简称为 3d Max 或 3ds MAX，是 Discreet 公司开发的（后被 Autodesk 公司合并）基于 PC 系统的三维动画渲染和制作软件。用于游戏和设计可视化的三维建模、动画和渲染软件，可以创造宏伟的游戏世界，布置精彩绝伦的场景以实现设计可视化，并打造身临其境的虚拟现实（VR）体验。

(3) CINEMA 4D：CINEMA 4D 字面意思是 4D 电影，不过其本身就是 3D 的表现软件，由德国 Maxon Computer 开发，以极高的运算速度和强大的渲染插件著称，很多模块的功能在同类软件中代表科技进步的成果，并且在用其描绘的各类电影中表现突出，而随着其越来越成熟的技术受到越来越多的电影公司的重视，可以预见，其前途必将更加光明。

(4) Blender3D：Blender 是一款开源的跨平台全能三维动画制作软件，提供从建模、动画、材质、渲染、到音频处理、视频剪辑等一系列动画短片制作解决方案。Blender3D 为全世界的媒体工作者和艺术家而设计，可以被用来进行 3D 可视化，同时也可以创作广播和电影级品质的视频，另外内置的实时 3D 游戏引擎，让制作独立回放的 3D 互动内容成为可能。

(5) Houdini：Houdini 是一款三维计算机图形软件，由加拿大 Side Effects Software Inc.（简称 SESI）公司开发。Houdini 是在 Prisms 基础上重新开发而来，可运行于 Linux、Windows、Mac OS 等操作系统，是完全基于节点模式设计的产物，其结构、操作方式等和其他的三维软件有很大的差异。Houdini 自带的渲染器是 Mantra，基于 Reyes 渲染架构，因此也能够快速地渲染运动模糊、景深和置换效果。

2. 专业辅助软件

(1) Zbrush：ZBrush 是一个数字雕刻和绘画软件，它以强大的功能和直观的工作流程彻底改变了整个三维行业。在一个简洁的界面中，ZBrush 为当代数字艺术家提供了世界上最先进的工具。以实用的思路开发出的功能组合，在激发艺术家创作力的同时，ZBrush 产生了一种用户感受，在操作时会感到非常的顺畅。

（2）**MotionBuilder**：MotionBuilder 是业界最为重要的 3D 角色动画软件之一。它集成了众多优秀的工具，为制作高质量的动画作品提供了保证。此外，MotionBuilder 中还包括了独特的实时架构，无损的动画层，非线性的故事板编辑环境和平滑的工作流程。

（3）**Mudbox**：Mudbox 数字雕刻与纹理绘画软件结合了直观的用户界面和一套高性能的创作工具，使三维建模专业人员能够快速轻松地制作有机和无机三维资产。已经被 Autodesk 公司买下。基本操作方式与 Maya 相似，在操作上非常容易上手。

（4）**Substance Designer**：是一款功能强大的材质制作软件，它基于节点的网络连接来进行合成，让作品拥有更强的质感。还对编程功能进行了加强，创建 HDR 纹理，内置材质库、效果库等，使用户可以轻松、快捷地进行制作。

（5）**Poser**：Poser 是 Metacreations 公司推出的一款三维动物、人体造型和三维人体动画制作的极品软件。Poser 的人体设计和动画制作流程简单易操作，制作出的效果非常生动。能为三维人体造型增添发型、衣服、饰品等装饰，让艺术家的设计与创意轻松展现。

（6）**RealFlow**：RealFlow 是由西班牙 Next Limit 公司出品的流体动力学模拟软件。它是一款独立的模拟软件，可以计算真实世界中运动物体的运动，包括液体。可以将几何体或场景导入 RealFlow 来设置流体模拟，在模拟和调节完成后，将粒子或网格物体从 RealFlow 导出到其他主流三维软件中进行照明和渲染。

（7）**Marvelous Designer**：是一款领先的 3D 服装设计软件，这款软件最大的亮点是其强大且直观的三维特效。用户能够轻松地使用软件来创建和设计逼真的虚拟服装，展示穿在角色身上的效果，还能模拟角色奔跑、跳跃或走路时不同面料的碰撞形态。支持使用重置网格、网格细分及重拓扑功能优化网格结构，支持直接使用存储的板片数据来进行快速的服装制作，此外还可以录制并保存交互式布料模拟动画。通过使用风控制器和固定针工具来创建各种各样的动画效果。

3. 插件

（1）**Arnold**：Arnold 是一款高级跨平台渲染库或 API，由 Solid Angle 开发，在众多著名的影视和动画机构中广泛使用，其中包括 Sony Pictures Imageworks。它是一款基于物理的照片级真实感光线跟踪软件，旨在取代基于扫描线的传统 CG 动画渲染软件。

（2）Bifrost：Bifrost 用于多物理场模拟的全新可视化编程系统，是根据 Maya 之前液体模拟工具集的扩展版本进行修改，现已更名为 Bifrost Fluids，并将 Bifrost 变成了一个完整的可视化编程环境。该工具集的新图形编辑器在处理散射、实例化、变形、体积处理、动态模拟、材料分配、文件 IO、甚至节点上都无须切换。

（3）Fumefx：Fumefx 是一款强大的流体动力学模拟插件，其强大的流体动力学引擎可以模拟出真实的火、烟、爆炸等常见气体现象。2006 年 12 月，SitniSati 公司（原 Afterworks）发布了一款新的 3ds Max 流体力学插件——Fume FX，该插件是基于真实物理中流体力学原理而设计的，主要是为 3ds Max 用户提供火焰、浓烟、爆炸及其他流体效果的解决方案。

4. 专业领域软件

（1）AutoCAD：AutoCAD 软件是由美国欧特克有限公司（Autodesk）出品的一款自动计算机辅助设计软件，可以用于绘制二维制图和基本三维设计，通过它无须懂得编程，即可自动制图，因此它在全球广泛使用，可以用于土木建筑，装饰装潢，工业制图，工程制图，电子工业，服装加工等多方面领域。

（2）Rhino：Rhino 是美国 Robert McNeel & Assoc 开发的 PC 上强大的专业 3D 造型软件，它可以广泛地应用于三维动画制作、工业制造、科学研究以及机械设计等领域。它能轻易整合 3DS MAX 与 Softimage 的模型功能部分，对要求精细、弹性与复杂的 3D NURBS 模型，有点石成金的效能。

（3）Revit：Revit 是 Autodesk 公司一套系列软件的名称。Revit 系列软件是为建筑信息模型（BIM）构建的，可帮助建筑设计师设计、建造和维护质量更好、能效更高的建筑。

笔记

Maya 软件界面

第 4 问　初学者应该选择什么版本的 Maya 软件？

Maya 软件目前保持一年一更新的频率，每年都会推出一个新的版本号。新的版本号都会在旧版的基础上做出若干修改，增强某些功能、增加新的工作流，甚至改变整个软件的界面设计，让用户的操作体验更加顺畅。只要条件允许，就应该将软件更新到最新版本号。

登录网址 https：//www. autodesk. com. cn/进入 Autodesk 公司的中文主页，里面可以下载、购买 Maya 各种版本号的软件，学生和教师可免费获得教育版访问权限，其他人员可获得免费试用版。

笔者建议想要深入学习 Maya 软件的初学者使用英文版的操作语言，一是查找外文资料、学习国外视频教程时可以顺利对接；二是可以熟悉和了解各种参数、命令的英文专有名词，为将来使用多软件协同工作打下良好基础。而且由于我们的母语是中文，使用英文版的软件并不影响我们搜索中文资源、学习中文教程。

如果初学者自身英语水平非常低，或只把 Maya 作为创作的辅助手段，不打算深入学习，那么笔者推荐使用中文版本。国内目前出版的中文版教材、视频资料已足够满足基本学习需求。

本书是以 Maya 软件英文版为基础编写而成。

第 5 问　如何改变 Maya 软件的操作语言？

在国内常用的 Maya 软件有中文版和英文版，学生可以按自己的需求去选择不同的语言界面。具体操作方法如下：

在 Windows 界面依次点击：开始→控制面板→系统和安全→系统→高级系统设置→环境变量→新建，在"变量名"中输入："MAYA _ UI _ LANGUAGE"，注意这里的字母全是大写。如果要用英文界面，在"变量值"中输入："en _ US"；如果要用中文界面，在"变量值"中输入："zh _ CN"，注意字母的大小写和下划线。输入完毕后点击"确定"，重启电脑，重新打开 Maya 软件，设置完成。如图 2 所示。

▲　图 2　设置 Maya 操作语言的环境变量

笔记

第 6 问　Maya 界面各元素和区域的名称是什么？

1. Menus（菜单）

2. Menu Sets（菜单集）

3. Status Line（状态行）

4. User Account Menu（"用户账户"菜单）

5. Shelf（工具架）

6. Workspace Selector（工作区选择器）

7. Sidebar Icons（侧栏图标）

8. Channel Box（工具盒）

9. Layer Editor（层编辑器）

10. Panel Menus（面板菜单）

11. Panel Toolbar（面板工具栏）

12. View Panel（面板）

13. Outliner（大纲视图）

14. Tool Box（工具箱）

15. Quick Layout（快速布局）

16. Time Slider（时间滑块）

17. Playback Controls（播放控件）

18. Range Slider（范围滑块）

19. Anim/Character Menus（动画/角色菜单）

20. Playback Options（播放选项）

21. Command Line（命令行）

22. Feedback Area（反馈区）

23. Help Line（帮助行）

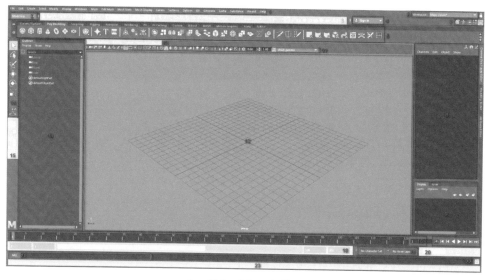

▲ 图 3 Maya 主界面

笔记

第 7 问　Maya 界面的某些元素和区域被关闭了，应该在哪里打开？

如图 4 所示，在菜单项 Windows（窗口）→UI Elements（UI 元素）里面，可以自定义"打开"或"关闭"状态的界面元素是"Status Line"（状态行）、"Shelf"（工具架）、"Time Slider"（时间滑块）、"Range Slider"（范围滑块）、"Command Line"（命令行）、"Help Line"（帮助行）和"Tool Box"（工具箱），还可以一次性隐藏以上所有界面元素"Hide All UI Elements"（隐藏所有 UI 元素）、一次性显示以上所有界面元素"Show All UI Elements"（显示所有 UI 元素）。

▲　图 4　UI Elements

Sidebar icons（侧栏图标）里包含了五个栏目，分别是"Modeling Toolkit"（建模工具包）、"Toggle the character controls"（HumanIK 窗口）、"Attribute Editor"（属性编辑器）、"Tool Settings"（工具设置）和"Channel Box/Layer Editor"（通道盒/层编辑器），点击相应的图标就可以打开或关闭该栏目。热键【Ctrl】+【A】也可以打开 Attribute Editor（属性编辑器）。

Workspace selector（工作区选择器）可以选择预设的十几种工作模式。例如，选择"UV Editing"（UV 编辑）将自动把 Maya 界面设置到适合编辑 UV 的状态。

Outliner（大纲视图）可以在 Quick layout（快速布局）下找到它的图标，也可以在菜单项 Windows（窗口）里找到它的选项。

笔记

第 8 问 为什么 Menus（菜单栏）会出现变化？

Menus（菜单栏）里的菜单与 Menu Sets（菜单集）有关联。Maya 将特定的工作流打包成不同的菜单集，分别是 "Modeling"（建模）、"Rigging"（绑定）、"Animation"（动画）、"FX"（特效）、"Rendering"（渲染）和 "Customize"（自定义）等。菜单栏里的菜单有九个是固定不变的，其余的菜单会随当前选择的菜单集而出现变化。如果已载入某些插件，菜单栏里还会出现该插件的专属菜单项。

九个固定的菜单项是 "File"（文件）、"Edit"（编辑）、"Create"（创建）、"Select"（选择）、"Modify"（修改）、"Display"（显示）、"Windows"（窗口）、"Cache"（缓存）和 "Help"（帮助）。

Modeling（建模）菜单集包括 "Mesh"（网格）、"Edit Mesh"（编辑网格）、"Mesh Tools"（网格工具）、"Mesh Display"（网格显示）、"Curves"（曲线）、"Surfaces"（曲面）、"Deform"（变形）、"UV" 和 "Generate"（生成）。建模过程中会用到的建模命令全部集成在 Modeling（建模）菜单集中。

Rigging（绑定）菜单集包括 "Skeleton"（骨架）、"Skin"（蒙皮）、"Deform"（变形）、"Constrain"（约束）和 "Control"（控制）。绑定过程中会用到的相关命令全部集成在 Rigging（绑定）菜单集中。

Animation（动画）菜单集包括 "Key"（关键帧）、"Playback"（播放）、"Visualize"（可视化）、"Deform"（变形）、"Constrain"（约束）和 "MASH"。动画过程中会用到的相关命令全部集成在 Animation（动画）菜单集中。

FX（特效）菜单集包括 "nParticles"（n 粒子）、"Fluids"（流体）、"nCloth"（n 布料）、"nHair"（n 毛发）、"nConstraint"（n 约束）、"nCache"（n 缓存）、"Fields/Solvers"（场/解算器）、"Effects"（效果）、"Bifrost Fluids"（Bifrost 流体）、"MASH"、"Boss" 和 "Bullet" 等。跟特效有关的命令全部集成在 FX（特效）菜单集中。从插件管理器中加载的特效插件也可能会在这里出现相应菜单。

Rendering（渲染）菜单集包括 "Lighting/Shading"（照明/着色）、"Texturing"（纹理）、"Render"（渲染）、"Toon"（卡通）和 "Stereo"（立体）。跟渲染有关的命令全部集成在 Rendering（渲染）菜单集中。

　　Customize（自定义）菜单集可以自选菜单项创建自定义菜单，也可以重命名、编辑和删除菜单项。

笔记

Maya 基本操作

　　使用三维动画软件的人都或多或少经历过系统突然崩溃或文件损坏导致大量工作白做的惨痛时刻，这些经验教训时刻提醒我们要记得随时保存文件。但是如果每次保存文件都重复覆盖同一个文件，就等于把鸡蛋都放在一个篮子里，如果这个文件损坏，那么所有工作都要从头再来。

　　有两个能较安全地保存文件的方法。

1. 启用 "Incremental save"（增量保存）

　　在 Menus（菜单栏）依次点击 File（文件）→ Save Scene（保存场景）□，点击"□"打开 "Save Scene Options"（保存文件选项）。启用 "Incremental save"（增量保存），这样每次用【Ctrl】+【S】快捷键保存文件时，都会在保存路径下新增一个带序列号的文件，序列号会随着每次保存依次递增。这样就避免了重复覆盖一个文件，而且不需要自己手动改变文件名字。

　　如果启用 "Limit incremental saves"（限制增量保存），将限制保存的文件总数。例如："Number of increments"（增量数量）为 20，则保存到第 21 个文件时，会覆盖之前的第 1 个文件，保持保存路径下只有 20 个文件。这样可以避免文件数量过多占用硬盘空间。

2. 启用 "Auto Save"（自动保存）

自动保存开启后，不需要操作者手动保存文件，Maya 会自动每隔一段时间保存一个文件。在 Menus（菜单栏）依次点击 Windows（窗口）→Settings/Preferences（设置/首选项）→ Preferences（首选项），在左边的 Categories（类别）列表里找到 Settings（设置）→ Files/Projects（文件/项目），将 "Auto Save"（自动保存）的 "Enable"（启用）勾上，"Interval（minutes)"（间隔/分钟）可以设置间隔多长时间自动保存一次。"Limit autosaves"（限制自动保存）启用以后，将限制保存的文件总数。

笔记

第 10 问　如何使用查找功能？

1. 查找菜单项

Maya 有几百条菜单项，它们被分别安置在几十个菜单中，操作者有时会忘了某个菜单项所在的位置，这时就可以使用查找工具来查询。如图 5 所示，在 Menus（菜单栏）的最后一项 Help（帮助）→Find Menu（查找菜单），打开 Find a Menu Item（查找菜单项）窗口，在"Enter a string to search for"（输入要搜索的字符串）输入框里输入要查找的菜单项名称（支持模糊查询），按回车键后会在下面的返回框里返回查询结果。

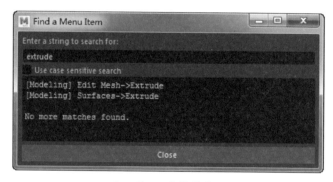

▲　图 5　查找菜单项

2. 查找渲染节点

Hypeshade（材质编辑器）里有几百个 Maya 原生渲染节点和加载的渲染插件附带的渲染节点，虽然这些节点已经被分了十几个大类，但是要从列表里去把想用的节点找出来非常费神。如图 6 所示，在"Create"（创建）区域，节点列表的上方有个输入框，在里面输入字符串，列表会自动出现适配该字符串的节点。

注意：如果在左侧的类别列表中选择某个类别，则输入的字符串只会从该类别中查找。如果想在所有类别中查找，需要点击类别列表的空白区域取消选择。

3. 创建节点

在 Hypeshade（材质编辑器）和 Node Editor（节点编辑器）中都能创建和编辑节点网络。如图 7 所示，在工作区域按下键盘上的【Tab】键，会出现一个输入框，在

▲　图 6　查找渲染节点

输入框中输入字符串，系统就能查找跟字符串相匹配的节点并显示在列表里。选择列表里的节点名称，就能创建该节点。

▲　图 7　创建节点

第 11 问　如何使用 Maya 的 Help（帮助文档）?

在联网的情况下，按下键盘【F1】键会自动打开 Maya 的 Help（帮助文档）。另一个打开帮助文档的方式是在 Menus（菜单栏）的最后一项 Help（帮助）→Autodesk Maya Help（Autodesk Maya 帮助）。帮助文档首页如图 8 所示。

▲　图 8　Maya 帮助文档首页

1. 帮助文档语言选项

帮助文档使用的语言与 Maya 操作语言一致。使用英文版的 Maya，会自动打开英文版的帮助文档；使用中文版的 Maya，会自动打开中文版的帮助文档。有的网页浏览器可以看到帮助文档的语言选项，如 360 安全浏览器；有的浏览器看不到帮助文档的语言选项，如 Google Chrome。

如果使用英文版的 Maya，但想自动打开中文版的帮助文档，可以进行如下操作：在 Maya 界面的 Menus（菜单栏）依次点击 Windows（窗口）→Settings/Preferences（设置/首选项）→Preferences（首选项），在左边的 Categories（类别）列表里找到 Interface（界面）→Help（帮助），将 Language（语言）改成 Simplified Chinese（简体中文），点击 Save（保存），如图 9 所示。操作完成后按【F1】键，会弹出 Help

Language（帮助语言）的窗口，选择"Change Help Language"（改变帮助语言）即可。

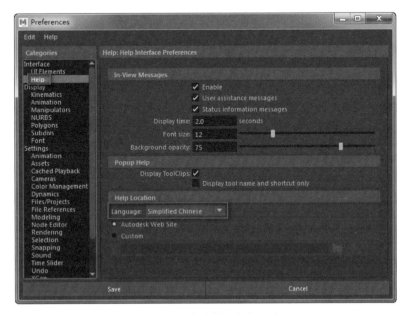

▲　图 9　修改帮助文档语言

2．Enter a keyword（输入关键字）

将要查找的关键字输入这个框里，将返回查询结果。

3．帮助文档目录

系统地陈列了 Maya 软件所有相关的功能与命令的详细信息。

4．快速链接/参考/社区资源

"快速链接"可以快速进入目录中的某些模块，推荐初学者点击"快速入门视频"进行学习。

"参考"更偏重技术性的文档，初学者基本用不到这些方面的帮助。

"社区资源"包括了 Autodesk 的官方论坛、教程、3D 社区等，可以从这里获取免费的学习资源，但是所有资源都是英文版。

除了从主入口进入帮助文档以外，很多操作命令的设置窗口里都有相应的 Help（帮助）菜单，从那里进入帮助文档可以直接打开该命令的文档内容，省却查找目录的工作。

第 12 问　如何将 Maya 恢复到最初的设置状态？

当 Maya 的操作界面或工具设置项被进行了很多个性化设置后，想要将 Maya 恢复到最初的设置状态，可进行以下操作：依次点击计算机→C 盘→用户→我的文档→Maya→"当前版本号"，删除"prefs"文件夹，关闭 Maya，再一次打开 Maya，会生成新的"prefs"文件夹，Maya 也恢复了最初的设置。

恢复的内容包括 hotkeys（热键）、icons（图标）、mainWindowStates（主窗口状态）、markingMenus（标记菜单）、scripts（脚本）、shelves（工具架）、workspaces（工作区）、文件路径和插件设置等。

如果只想恢复其中的部分内容，例如热键的设置，只需要删除"prefs"文件夹里的"hotkeys"文件夹即可，不需要删除整个"prefs"文件夹。

"prefs"文件夹包含的所有内容如图 10 所示。

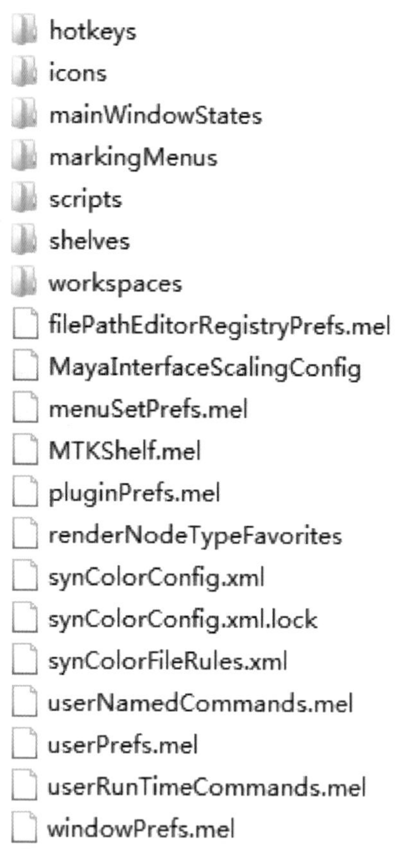

hotkeys
icons
mainWindowStates
markingMenus
scripts
shelves
workspaces
filePathEditorRegistryPrefs.mel
MayaInterfaceScalingConfig
menuSetPrefs.mel
MTKShelf.mel
pluginPrefs.mel
renderNodeTypeFavorites
synColorConfig.xml
synColorConfig.xml.lock
synColorFileRules.xml
userNamedCommands.mel
userPrefs.mel
userRunTimeCommands.mel
windowPrefs.mel

▲　图 10　"prefs"文件夹

笔记

第 13 问　为什么要创建 Project（项目）？

　　Maya 允许将各种与场景文件相关联的文件组织到项目中，项目是不同文件类型的文件夹集合。系统将 Maya 项目定义文件命名为workspace. mel并存储在项目的根目录中，该文件包含一组命令，用于定义各种类型文件的位置，这些位置通常与项目根目录相关。创建新项目后，系统将默认生成许多不同类型的子目录，操作时会自动读取或存储文件到这些子目录里。创建项目能确保所有关联文件的完整性，可以使工作更井然有序地进行，提高工作的效率。

　　点击 File（文件）→Project Window（项目窗口），打开 "Project Window"（项目窗口）界面，第一行 "Current Project"（当前项目）为当前项目名，点击后面的 "New"（新建）按钮即可新建项目。第二行 "Location"（位置）为项目的根目录路径。"Primary Project Locations"（主项目位置）、"Secondary Project Locations"（次项目位置）、"Translator Data Locations"（转换器数据位置）和 "Custom Data Locations"（自定义数据位置）定义了子项目文件夹和各类数据的位置。

　　命名好项目名称、指定根目录后就可以点击 "Accept"（接受），项目就创建好了。此时文件夹中有很多子文件夹，初学者需要记住 "autosave"（自动保存）存放自动保存的文件、"images"（图像）存放渲染图、"scenes"（场景）存放工程文件，以及 "sourceimages"（源图像）存放贴图文件和参考图片。

　　提示：项目名称和路径最好不要出现中文字符。

笔记

第 14 问　如何将与场景有关的文件自动打包？

如果没有创建项目就开始制作场景，那么跟场景相关的各类文件可能散乱地存储在本地磁盘的各个角落。

可以使用"Archive Scene"（归档场景）命令将与当前场景相关的文件打包为 zip 文件。包含在 zip 文件中的文件类型有 File textures（文件纹理）、Image planes（图像平面）、Audio files（音频文件）、Disk caches（磁盘缓存）和 nCaches 等。

保存场景后，选择 File（文件）→Archive Scene（归档场景），文件和所有依存关系将打包为一个 zip 文件，且与当前文件放置在同一目录下。

笔记

第 15 问　如何修改 Undo（撤销）的次数？

依次选择 Windows（窗口）→ Settings/Preferences（设置/首选项）→ Preferences（首选项）→ Undo（撤销）→ Queue size（队列大小），如图 11 所示，可设置撤回次数。如果电脑内存不大，不建议设置太高的数字。

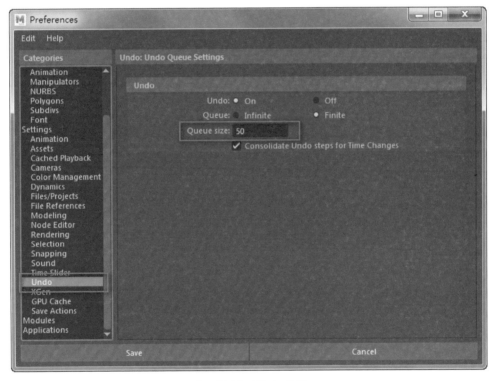

▲　图 11　Undo 设置

笔记

第 16 问　Maya 操作时需要注意选择顺序吗?

在 Maya 中，一次性选择多个物体时，最后选中的物体网格线呈绿色，其他选中的物体的网格线呈白色。大多数时候物体被第一个选中还是最后一个选中，对结果来说是没有区别的，但一些特定的操作对选择顺序有特殊要求：

做 Parent（父子）层级关系时，先选的物体全部为子，最后选的那一个物体为父；

做 Constrain（约束）操作时，先选的所有物体约束最后选的那一个物体；

做 Align（对齐）操作时，后选的物体作为基准，先选的物体会产生移动；

做 Match Transformation（匹配变换）操作时，先选的物体会改变 transform（变换）数值去匹配后选的物体；

做 Surface Extrude（挤压）操作时，先选的曲线作为截面，后选的曲线作为挤压路径；

做 Surface Loft（放样）操作时，会按照选择顺序依次通过选中的曲线生成曲面。

以上只是列举了一部分对选择顺序有要求的操作。在做这类操作时如果不确定先选后选的关系，可以先尝试一下，如果不对就立即撤销。

笔记

第 17 问　如何将操作命令添加到工具架上？

按住键盘上的【Ctrl】+【Shift】的同时，点击要添加的菜单项，就可以把该菜单项添加到工具架的末端，使用鼠标中键可以移动工具架上的图标位置。

还可以从 Script Editor（脚本编辑器）里选择脚本语句用鼠标中键拖到工具架上，这样就可以把选中的脚本语句变成快捷图标。

在快捷图标上点击鼠标右键，选择"Delete"（删除）可删除图标。选择"Edit"（编辑）可打开 Shelf Editor（工具架编辑器），在 Shelves（工具架）选项卡中，"Icon Name"（图标名称）可指定快捷图标的图案，"Icon Label"（图标标签）可输入快捷图标的名称。

笔记

第 18 问　Duplicate 和 Duplicate Special 有什么区别？

Duplicate（复制）是常规复制，只复制选中对象在当前帧的位置、形状等信息，也就是 transform（变换）节点和 shape（形）节点。复制出的对象与原对象共享同一套渲染节点网络。原对象的历史记录节点、动画曲线节点等其他节点网络不会被复制出来。

举一个简单的例子，pSphere1 是一个在 X 轴位移上有动画关键帧的小球，做过一次 Smooth（平滑）操作。用【Ctrl】+【D】复制出一个新的小球，自动命名为 pSphere2。如图 12 第一部分所示，在 Hypergraph（超图）里，灰色的节点是 pSphere1 的节点网络，黄色的节点是 pSphere2 的网络，可以看到只复制出一个 pSphere2（变换节点）和一个 pSphere2Shape（形节点），其他的节点都没有被复制出来。新小球和原小球只共享同一个 initialShadingGroup（初始着色组），不共享其他节点网络。

Duplicate（复制）只是满足最基本的简单复制，复制出物体的当前状态，而 Duplicate Special（特殊复制）具有灵活的参数设定，可以设置各种复制条件，满足复杂的复制需求。

图 12 第二部分展示了用 Duplicate Special（特殊复制）的 Duplicate input graph（复制输入图表）方式复制小球，将把原小球的除了着色组节点以外的其他节点网络都复制出来。新小球和原小球共享同一个着色组。

图 12 第三部分展示了用 Duplicate Special（特殊复制）的 Duplicate input connections（复制输入连接）方式复制小球，虽然只复制出原小球的 transform（变换）节点和 shape（形）节点，但是新小球和原小球共享所有节点网络。

图 12 第四部分展示了用 Duplicate Special（特殊复制）的 Instance leaf nodes（实例叶节点）方式复制小球，复制出的小球是原小球的 Instance（实例），只生成一个新的 transform（变换）节点，使用原小球的 Shape（形）节点及网络。这说明当原小球的 Shape（形）发生改变时，新小球也会同时发生变化，因为它们使用同一个 Shape（形）节点。但是如果改变原小球的位移等 transform（变换）节点控制的参数，新小球不会发生变化，因为它有自己独立的 transform（变换）节点。

图 13 展示了"copy（复制）"和"instance（实例）"方式的对比，以及复制物体阵列的参数设置。

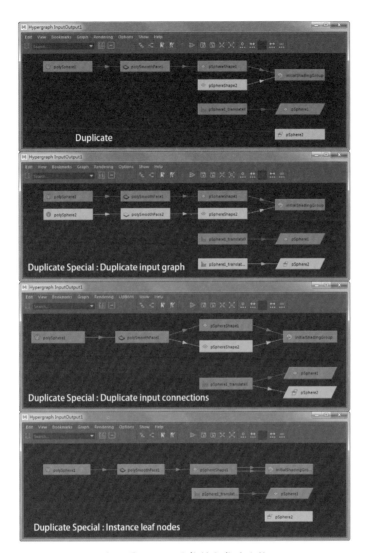

▲ 图 12 不同复制方式的比较

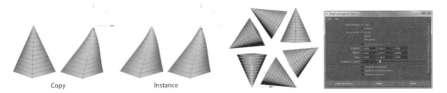

▲ 图 13 Duplicate Special 的不同用法

第 19 问　为什么不能用【Ctrl】+【C】/【Ctrl】+【V】替代【Ctrl】+【D】操作？

大家平时使用 Windows 操作系统都习惯用【Ctrl】+【C】/【Ctrl】+【V】来拷贝/粘贴对象，在 Maya 里使用【Ctrl】+【C】/【Ctrl】+【V】也能实现复制对象的操作，但其复制结果与【Ctrl】+【D】完全不同。

还是以小球 pSphere1 为例，用【Ctrl】+【C】/【Ctrl】+【V】复制出一个新的小球，名称自动命名为 pasted _ _ pSphere1。pasted _ _ pSphere1 在上一层级还自动产生一个空的组节点作为父节点。新小球将原小球的所有节点网络完整复制了一套，新节点的命名都是在原节点前加 "pasted _ _"。

笔者不推荐使用【Ctrl】+【C】/【Ctrl】+【V】这种复制方式，因为它的命名方式不简洁，经过多次复制后会产生一长串的前缀字符，还形成了多层级的空组，在 Hypeshade（材质编辑器）里也会出现许多一模一样的节点，导致整个场景文件凌乱不堪，整理起来非常麻烦。所以，如果想要复制完整的节点网络，就用 Duplicate Special（特殊复制）；如果只想复制单独一个节点，就用 Duplicate（复制）热键【Ctrl】+【D】。

笔记

第 20 问　Maya 有什么命名规范？

Maya 中的节点和属性名称不能以数字开头，必须以英文字母开头，不能使用中文字符，特殊字符除了 _ 以外，其他如空格、/、-、( )等都不允许使用。第一个单词首字母小写，后面接的其他单词首字母大写。Maya 的工程文件命名虽然不受限制，可以用数字开头，也可以用中文字符和特殊字符，但笔者推荐还是按照节点和属性的命名要求来命名工程文件，以预防出现不可知的错误。

提示：Maya 的整个文件保存路径最好都是全英文的，不要出现中文字符，否则有可能出现文件打不开等奇怪的问题。

笔记

第 21 问　如何给常用命令设置热键？

键盘快捷方式又被称为 hotkeys（热键），是指可用于运行命令、打开窗口和激活工具的特定按键的组合。热键的使用可以使我们的工作进行得更有效率。Maya 已经预设了非常多的热键，但还是有很多操作命令没有预设热键。我们该如何自己设置热键呢？

以"Fill Hole"（填充洞）命令为例，它位于【Modeling（建模）】Mesh（网格）菜单下，这个命令的热键显示区域是空白，并没有被预设热键。

首先打开 Maya 的热键编辑器：Windows（窗口）→Settings/Preferences（设置/首选项）→Hotkey Editor（热键编辑器）。如图 14 所示，右半边区域直观地展示了一副键盘的图案。绿色的按键表示已被设置成热键，灰色的按键表示尚没有被设置成热键。当按下键盘上的【Ctrl】键，图片上的键盘颜色会发生变化，这时的绿色表示该按键与【Ctrl】联合起来形成一个热键组。同理可查看【Alt】、【Shift】、【Ctrl】+【Alt】、【Ctrl】+【Shift】等组合按键对应的颜色图案。把鼠标放到按键上，会出现黄色的提示框，罗列出该按键对应的快捷命令。

▲　图 14　热键编辑器

编辑器的左半部分，在 "Edit Hotkeys For"（为以下项编辑热键）下拉选项中选择 "Menu items"（菜单项），此时下方列表会显示 Maya 的所有菜单。依次点击 Modeling（建模）→Mesh（网格）→Fill Hole（填充洞），"Fill Hole" 这一行的末尾会出现一个空白的输入框，可以选择没被设置过热键的字母或数字（在右边键盘图中呈现灰色）填入输入框中。在本例中我们使用【Ctrl】+【U】作为这个命令的热键。按【Ctrl】+【U】键，输入框中自动出现 "Ctrl + U" 的字样，点击 "Save"（保存），热键就创建好了。如果要删除热键，就点击输入框里的 "×" 图标。

提示：【Ctrl】+【W】不能被设置成热键，它是 Window 系统预设的关闭网页的快捷键。

笔记

第 22 问　Maya 的预置热键里，有哪些是需要牢记的？

笔者归纳了一份初学者需要牢记的热键清单，如表 1 所示。

表 1　常用热键

操纵观察视角		
Alt + 鼠标左键	旋转观察视角	
Alt + 鼠标右键	推拉观察视角	* 一定要配备有中键的鼠标
Alt + 鼠标中键	平移观察视角	
a	最大化显示选中的物体	
f	场景中所有物体都能被观测到	
Space 空格键	按下（保持）显示热盒菜单/按下弹起切换面板显示模式	
操作相关		
q	选择	
w	移动	
e	旋转	
r	缩放	
x	吸附到网格	
c	吸附到曲线	
v	吸附到顶点	
Insert	编辑物体中心点	
t	显示操纵器	
+	使操纵器变大	
−	使操纵器变小	
Ctrl + z	撤销一步操作	
Ctrl + y	恢复一步操作	
Ctrl + s	保存文件	

F7	多组件选择模式	*操作多边形时，可同时选择点、线、面
F8	在对象/组件选择模式之间切换	
1	多边形：显示物体原始效果 曲面：粗糙质量显示	
3	多边形：显示物体细分后的效果 曲面：平滑质量显示	*Arnold 可按 3 模式渲染多边形，而 Maya Software 和 Mental Ray 都只能按 1 模式渲染
4	显示物体的 Wireframe（线框）模式	
5	显示物体的 Shade（平滑着色）模式	
Ctrl + d	普通复制	
Ctrl + h	隐藏选中的对象	*修改通道盒 Visibility（可见性）参数可实现隐藏（0值）/显示（1值）
Shift + h	显示选中的对象	
Ctrl + Shift + h	显示上次隐藏的对象	
Ctrl + a	打开属性编辑窗口	
Ctrl + e	Extrude（挤出）操作	
Ctrl + b	Bevel（倒角）操作	
Ctrl + Delete	删除边/顶点	*删多边形的边时，按【Delete】将只删边，留下顶点；按【Ctrl】+【Delete】才能把边和相应的顶点删除干净
Ctrl + g	选中的物体结成一个组	
p	结成父子关系	*先选的物体是子，后选的物体是父
Shift + p	解除父子关系	*等同于在 outliner（大纲视图）里用鼠标中键将物体从组里拖到组外
s	Set Key（设置关键帧）	

Maya 预设的全部热键如表 2 所示。

表 2 Maya 预设的全部热键

工具操作	
回车	完成当前工具
插入	进入工具编辑模式
q	选择工具或对选择遮罩标记菜单使用鼠标左键
w	移动工具或对移动工具标记菜单使用鼠标左键
e	旋转工具或对旋转工具标记菜单使用鼠标左键
r	缩放工具或对缩放工具标记菜单使用鼠标左键
Ctrl + t	显示通用操纵器工具
t	显示操纵器工具
y	选择不属于选择、移动、旋转或缩放的最后使用的工具
j（按住 + 拖动）	移动、旋转、缩放工具捕捉
=，+	增加操纵器大小
−	降低操纵器大小
d	使用鼠标左键移动枢轴（移动工具）
插入	在移动枢轴与移动对象之间切换（移动工具）
Tab 键	循环切换视图中编辑器值
Shift + Tab 键	反向循环切换视图中编辑器值
Ctrl + 鼠标中键［使用 Move Tool（移动工具）］	沿其法线移动组件［仅限"Component"（组件）模式］
Ctrl + 鼠标中键［使用 Rotate Tool（旋转工具）］	沿其局部 X 轴旋转组件［仅限"Component"（组件）模式］
Ctrl + 鼠标中键［使用 Scale Tool（缩放工具）］	沿其局部 YZ 轴缩放组件［仅限"Component"（组件）模式］
动作操作	
Ctrl + z	Undo（撤销）
Ctrl + y	Redo（重做）
g	重复上次操作

F8	在对象/组件选择模式之间切换
p	结成父子关系
Shift + P	断开父子关系
s	设置关键帧
Shift + w	对选定对象位置设定关键帧
Shift + e	对选定对象旋转设定关键帧
Shift + r	对选定对象缩放设定关键帧
热盒显示	
空格键（当按下）	显示热盒
Alt + m	默认热盒风格（区域和菜单行）
显示对象（显示、隐藏）	
Ctrl + h	显示→隐藏→隐藏当前选择
Shift + H	显示→显示→显示当前选择
Ctrl + Shift + H	显示→显示→显示上次隐藏的项目
Alt + h	显示→隐藏→隐藏未选定对象
Shift + l	显示→隔离选择→查看选定对象（位于面板菜单中）
显示设置	
4	着色→线框
5	着色显示
6	着色且带纹理的显示
7	照明→使用所有灯光
0	默认质量显示设置
1	粗糙质量显示设置
2	中等质量显示设置
3	平滑质量显示设置
文件操作	
Ctrl + n	File→New Scene（文件→新建场景）

（续表）

Ctrl + o	File→Open Scene（文件→打开场景）
Ctrl + s	File→Save Scene（文件→保存场景）
Ctrl + Shift + s	File→Save Scene As（文件→场景另存为）
Ctrl + q	File→Exit（文件→退出）
Ctrl + r	创建文件引用
动画操作	
s	设置关键帧
i	插入关键帧工具（用于曲线图编辑器）（按下并释放）
Shift + S	对关键帧标记菜单使用鼠标左键
Shift + S	对切线标记菜单使用鼠标中键
Shift + E	设置旋转关键帧
Shift + R	设置缩放关键帧
Shift + W	设置平移关键帧
Alt + j	切换多色反馈
播放控件	
Alt + .	在时间方向上向前移动一帧
Alt + ,	在时间方向上向后移动一帧
.	转到下一个关键帧
,	转到上一个关键帧
Alt + V	开启或关闭播放
Alt + Shift + V	转到最小帧
k	为虚拟时间滑块模式使用鼠标中键（按住和拖动时间轴）
翻滚、平移或推拉	
Alt 鼠标左键	翻滚工具（按下并释放）
Alt 鼠标中键	平移工具（按下并释放）
Alt 鼠标右键	推拉工具（按下并释放）

（续表）

二维平移/缩放	
\ + 鼠标中键	二维平移工具
\	启用/禁用二维平移/缩放
绘制操作	
Alt + f	整体应用当前值
Alt + a	开启或关闭显示线框
Alt + c	开启或关闭颜色反馈
Alt + r	开启或关闭反射
u	对 Artisan Paint 操作标记菜单使用鼠标左键
b	修改高端笔刷半径（按下并释放）
Shift + B	修改低端笔刷半径（按下并释放）
Ctrl + b	编辑 Paint Effects 模板笔刷设置
m	修改最大置换（雕刻曲面和雕刻多边形工具）
n	修改绘制值
/	切换到拾取颜色模式（按下并释放）
o + 鼠标左键	对多边形笔刷工具标记菜单
o + 鼠标中键	对多边形 UV 工具标记菜单
捕捉操作	
c	捕捉到曲线（按下并释放）
x	捕捉到栅格（按下并释放）
V	捕捉到点（按下并释放）
j	移动、旋转、缩放工具捕捉（按下并释放）
Shift + j	移动、旋转、缩放工具相对捕捉（按下并释放）
选择对象和组件	
F8	选择→对象/组件（在对象与组件编辑之间切换）
F9	选择→顶点

（续表）

F10	选择→边
F11	选择→面
F12	选择→UV
Ctrl + i	选择下一个中间对象
Alt + F9	选择
>	顶点面
<	收缩多边形选择区域
>	增长多边形选择区域
选择菜单	
Ctrl + m	显示/隐藏主菜单栏
Shift + M	显示/隐藏面板菜单栏
Ctrl + Shift + M	显示/隐藏面板工具栏
h	对菜单集标记菜单使用鼠标左键
F2	显示"Modeling（建模）"菜单集
F3	显示"Rigging（装备）"菜单集
F4	显示"Animation（动画）"菜单集
F5	显示"FX（特效）"菜单集
F6	显示"Rendering（渲染）"菜单集
编辑操作	
Ctrl + z	编辑→撤销
Ctrl + y	编辑→重做
g	编辑→重复
Shift + G	在鼠标位置重复命令
Ctrl + d	编辑→复制
Shift	拖动任何变换操纵器 编辑→复制
Ctrl + Shift + D	编辑→特殊复制

（续表）

Shift + D	编辑→复制并变换
Ctrl + g	编辑→分组
p	编辑→父对象
Shift + P	编辑→断开父子关系
Ctrl + x	编辑→剪切
Ctrl + c	编辑→复制
Ctrl + V	编辑→粘贴
渲染	
Ctrl + 左箭头键	渲染视图下一个图像
Ctrl + 右箭头键	渲染视图上一个图像
Ctrl + P	在模态窗口中打开"Color Chooser"（颜色选择器）。使用该热键（而非从样例）打开时，可以将颜色保存到"Color History"（颜色历史）或使用"Eyedropper"（滴管）选择或检查屏幕上的颜色。此外，还可以加载、保存和编辑选项板。但是，无法在场景对象上设置颜色属性。
窗口和视图操作	
Alt + 鼠标中键	在大纲视图中平移
Alt + Ctrl 鼠标中键	在大纲视图中快速平移
Alt + 鼠标中键	在属性编辑器中平移
Ctrl + a	在属性编辑器或通道盒之间切换—显示属性编辑器（如果二者均不显示）
a	在活动面板中框显所有内容，或对历史操作标记菜单使用鼠标左键
Shift + A	在所有视图中框显所有内容
f	在活动面板中框显选定项
Shift + F	在所有视图中框显选定项
空格键（当点击时）	在多窗格显示的活动窗口与单个窗格显示之间切换
Ctrl + 空格键	在当前面板的标准视图与全屏视图之间切换

］（右方括号）	重做视图更改
［（左方括号）	撤销视图更改
Alt + b	在渐变、黑色、暗灰色或浅灰色背景色之间切换。
Shift｛（左花括号）	查看上一个布局
Shift｝（右花括号）	查看下一个布局
F1	帮助
移动选定对象	
Alt 上箭头键	向上移动一个像素
Alt 下箭头键	向下移动一个像素
Alt 左箭头键	向左移动一个像素
Alt 右箭头键	向右移动一个像素
行进式拾取 *	
上箭头键	从当前项向上移动
下箭头键	从当前项向下移动
左箭头键	从当前项向左移动
右箭头键	从当前项向右移动
* 基于当前选择，可以使用箭头键向上移动当前层次（选定对象）或漫游对象的组件（选定组件，包括顶点、循环边、环形边）。	
建模操作	
1	默认多边形网格显示（不平滑）
2	框架 + 平滑多边形网格显示
3	平滑多边形网格显示
Ctrl + F9	将多边形选择转化为顶点
Ctrl + F10	将多边形选择转化为边
Ctrl + F11	将多边形选择转化为面
Ctrl + F12	将多边形选择转化为 UV

（续表）

Ctrl + `	代理→细分曲面代理 显示原始网格（代理）和平滑版本的原始值
Ctrl + Shift + `	代理→细分曲面代理→显示细分曲面代理选项窗口
`	切换显示原始（代理）和平滑的网格
~	同时显示原始（代理）和平滑的网格
Alt + `	修改→转化→NURBS 到细分曲面、多边形到细分曲面
Alt + Shift + ~	显示修改→转化→NURBS 到细分曲面→或多边形到细分曲面→的选项窗口（取决于选定 NURBS 或多边形）
Page Up 键	增加平滑网格预览或细分曲面代理的分段级别
Page Down 键	减小平滑网格预览或细分曲面代理的分段级别
l	锁定/解除锁定曲线的长度（按住）
Ctrl + Shift	拖动变换操纵器沿边滑动选定组件 还可以使用鼠标中键拖动到屏幕上的任意位置
Shift	拖动变换操纵器挤出当前选定的组件〔仅限"Component"（组件）模式〕
Ctrl 使用鼠标中键拖动	沿其法线移动组件〔仅限"Move"（移动）工具〕
Ctrl 使用鼠标中键拖动	沿其局部 X 轴旋转组件组仅限〔"Rotate"（旋转）工具〕
Ctrl 使用鼠标中键拖动	沿其局部 YZ 轴缩放组件组〔仅限"Scale"（缩放）工具〕
Ctrl + Shift + Q	激活 Quad Draw Tool（四边形绘制工具）
Ctrl + Shift + X	激活 Multi-Cut Tool（多切割工具）

注：① Exposé 热键（F9、F10、F11、F12）可能会与 Maya 预设热键冲突。如果遇到该问题，可以更改 Maya 热键，或者可以在运行 Mac OS X 的计算机上更改"系统偏好设置"面板中的 Exposé 热键。请参见 Mac OS X 版 Maya 中的热键。
② 某些关键帧组合（如涉及～或关键帧的组合）在非美国英语键盘上可能无法使用。

笔记

Maya 建模基础

第 23 问　与建模有关的 Object（对象）类型有哪些？

（1）**Polygon objects（多边形对象）**：多边形对象是由面、边和顶点组成的 3D 几何对象，通常称为 "polygon meshes"（多边形网格）。多边形网格广泛用于为游戏、电影和 Internet 创建的多种 3D 模型。

（2）**NURBS surface objects（NURBS 曲面对象）**：NURBS（非均匀有理 B 样条线）曲面对象是由 U 向和 V 向曲线定义的面片组成的 3D 几何对象。曲面插补在控制点之间，从而生成平滑形状。NURBS 十分平滑，对于构建有机 3D 形状十分有用，且主要用于工业设计、动画和科学可视化领域。

（3）**NURBS curves（NURBS 曲线）**：曲线用于构建对象或用作场景中的其他元素。可以使用不同的方法从曲线创建 3D 对象，或者将其用于动画的运动路径等内容或用于控制变形。

（4）**Text（文本）**：文本是指可以通过使用 "Type"（类型）工具创建［选择 Create（创建）→Type（类型）］的 3D 文本。这可用于创建品牌宣传、飞行标识、标题序列以及其他需要文字的项目。

（5）**Construction planes（构造平面）**：构造平面是简单的平面，有助于更轻松地创建方向不沿 XYZ 轴的对象［选择 Create（创建）→Construction Plane（构造平面）］。通过 "Make Live"（激活）工具将构造平面设置为 "激活" 状态时，所有图形均会锁定到该平面。

（6）**Image planes（图形平面）**：图像平面是可供"投影"不同图像的 2D 平面，通常在为对象建模时用于参考图像，或者用作场景的背景图像。您既可以创建未附加到摄影机的自由图像平面 [选择 Create（创建）→Free Image Plane（自由图像平面）]，也可以创建附加到摄影机的图像平面 [在视图面板中选择 View（视图）→Image Plane（图像平面）→Import Image（导入图像）]。

（7）**Locators（定位器）**：定位器类似图标，有时称为空对象，仅表示空间位置且不进行渲染 [选择 Create（创建）→Locator（定位器）]。尽管定位器听起来很普通，但却是非常有用的辅助对象，例如：它可用来作为角色关节的父物体、约束其他对象或测量两点之间的距离。

笔记

第 24 问　如何快速选中网格的循环组件？

1. 快速选择 Edge loops（循环边）

边循环是由其共享顶点按顺序连接的多边形边的路径，例如：如果选择球体上的一段水平边，边循环选择将尝试沿球体上的相同纬度线选择所有水平边，如图 15(a) 所示。

通过边循环选择，可以在多边形网格中快速选择多条边，而不必逐个选择每条边。

切换到 Edge（边）选择模式，双击一段边，就可以将这条边所在的完整的循环边选中。按着键盘上的【Shift】键可以加选多组循环边。

如果只想选择这条循环边的一部分，先单击某一段边，然后按着键盘上的【Shift】键的同时双击处于相同经度线或纬度线的某条非相邻边，就能将这两段边之间的循环边选中。

2. 快速选择 Face loops（循环面）

面循环是多边形面按其共享边顺序连接的路径。例如：如果选择球体的一个面，通过选择与选定面相邻的每个连续面，面循环选择可以选择沿球体同一条纬度线和经度线的所有面，如图 15(b)所示。

通过面循环选择，可以在多边形网格中快速选择多个面，而不必逐个选择每个面。

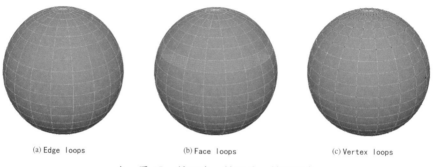

(a) Edge loops　　　　(b) Face loops　　　　(c) Vertex loops

▲ 图 15　循环边、循环面、循环顶点

双击某个面，会把网格的所有面全部选中。单击某个面，然后按着键盘上的【Shift】键的同时双击相邻的一个面，会将这两个面所处经度或纬度线上的所有面都选中。

如果只想选择循环面的一部分，先单击某一个面，然后按着键盘上的【Shift】键的同时双击处于相同经度或纬度的某个非相邻面，就能将这两个面之间的循环面选中。

按着【Shift】键可以用同样的方法加选多组循环面。

3. 快速选择 Vertex loops（循环顶点）

顶点循环是通过共享边按顺序连接的顶点路径，例如：选择球体上的一个顶点，则顶点循环选择将通过选择每个与选定顶点相邻的连续顶点，选择球体相同纬度线或经度线上的所有顶点，如图 15(c)所示。

通过顶点循环选择，可以在多边形网格中快速选择多个顶点，而不必逐个选择每个顶点。

双击某个顶点，会把网格的所有顶点全部选中。单击某个顶点，然后按着键盘上的【Shift】键的同时双击相邻的一个顶点，会将这两个顶点所处经度或纬度线上的所有顶点都选中。

如果只想选择循环顶点的一部分，先单击某个顶点，然后按着键盘上的【Shift】键的同时双击处于相同经度或纬度的某个非相邻顶点，就能将这两个顶点之间的循环顶点选中。

按着【Shift】键可以用同样的方法加选多组循环顶点。

笔记

第 25 问　在多边形上删除边时，为什么要用【Ctrl】 ＋【Delete】，而不能直接用【Delete】?

如果直接用【Delete】删除多边形上的边，会导致边被删除了、边关联的顶点还残留着。这种处于一条线段中的孤立的顶点属于不好的拓扑结构，如果对该多边形进行 Smooth（平滑）操作会出现不符合预期的布线，所以这些顶点应该一并删除掉。【Ctrl】＋【Delete】是专门删除多边形的边和顶点的热键，它对应的命令位于【Modeling（建模）】Edit Mesh（编辑网格）→Delete Edge / Vertex（删除边 / 顶点）。

如图 16 所示，正方体用 Delete（删除）键删除中间的循环边之后，还残留了顶点，对它进行 Smooth（平滑）操作后，有残留顶点的地方形成了错误的拓扑结构。

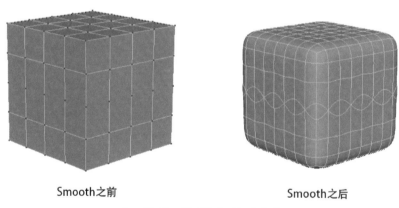

Smooth之前　　　　　　　　　　　　　Smooth之后

▲　图 16　用【Delete】删除边

笔记

第 26 问　什么是 Maya 的 Nodes（节点）?

Maya 是基于节点构建的。

Maya 常用的节点有以下几个种类。

1. transform nodes（变换节点）

此类节点包含对象的变换属性，即平移、旋转、缩放等的值。它还包含与其他节点之间父子关系的相关信息。

2. shape nodes（形状节点）

此类节点包含对象的几何体属性或除了对象的变换节点属性之外的属性。形状节点是变换节点的子节点。每个变换节点仅有一个形状节点。

3. Rendering nodes（渲染节点）

材质和纹理都具有包含可用于控制其外观的属性的节点。纹理放置节点拥有可用于控制纹理到曲面适配方式的属性。灯光和摄影机也是节点，拥有可用于控制特性的属性。

4. Asset nodes（工具节点）

工具节点提供附加功能，可以在着色器网络或角色装备中使用这些功能。例如，乘除节点可用于改变其他节点之间的输入和输出。

还有其他的节点类型，在这就不一一列举。

节点的类型名称可以在属性编辑器里查看。选择一个对象，打开属性编辑器，在每一个选项卡的第一行都会显示该节点的类型。如图 17 所示，框住的文字表明了该节点的类型。

当创建一个 polygon 的基本球体后，在 outliner（大纲视图）里会出现两个节点："pSphere" 是变换节点、"pSphereShape" 是形状节点。一般情况下形状节点是隐藏的，在 Outliner（大纲视图）的 Display（展示）菜单里把 "Shapes"（形状）勾上，就可以看到形状节点了，形状节点是变换节点的子对象。

点击 Windows（窗口）→Node Editor（节点编辑器），打开节点编辑器，如图 18 所示，可以看到小球的四个节点，分别是 "polySphere"（输入节点）、"pSphereShape"（形状节点）、"initialShadingGroup"（着色节点）和 "pSphere"（变换节点）。

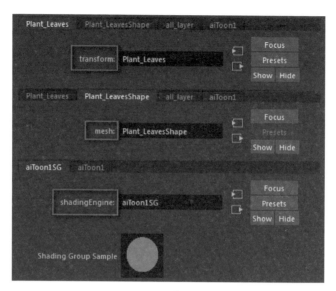

▲ 图 17 节点的类型

"输入节点"记录创建球体的选项,"变换节点"记录球体的移动、旋转和缩放,"形状节点"存储球体控制点的位置,"着色节点"给球体指定初始着色器组。

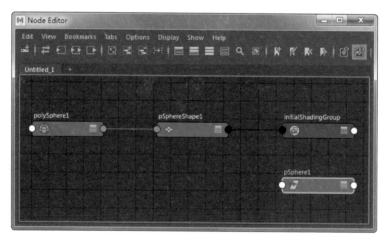

▲ 图 18 小球的初始节点

选中小球,打开它的属性编辑器(图19),可以看到之前介绍的四个节点都分别以选项卡的形式出现在属性编辑器中。最后一个选项卡是"lamber1"材质节点,每个新创建的物体都默认自动赋予 lambert1 材质球。

▲　图 19　小球的属性页签

使用 Maya 时，大多数操作都会在处理对象的构建历史中创建节点。在工作过程中的每个时刻，当前场景是迄今为止所创建的所有节点的结果。历史记录节点可以在通道盒的 INPUTS（输入）区域看到，属性编辑器、Node Editor（节点编辑器）、Hypergraph（超图）里也可以看到这些节点信息。

笔记

第 27 问　如何删除构建对象时产生的历史记录节点？

删除物体的历史记录节点有两种做法。

（1）不做选择地将对象的历史记录节点全部删除。

依次点击 Edit（编辑）→Delete by Type（按类型删除）→History（历史）（热键为【Alt】+【Shift】+【D】）将删除选中对象的历史记录，没选中的对象不受影响；Edit（编辑）→Delete All by Type（按类型删除全部）→History（历史），将删除场景里所有对象的历史记录。

全部删除历史记录后，对象将保持最终的形态。

（2）有选择地删除选定对象的某个历史记录节点。

在 Attribute Editor（属性编辑器）找到要删除的节点选项卡，点击属性编辑器下部的"Select（选择）"按钮，再点击键盘上的【Delete】键，即可删除。或者打开 Node Editor（节点编辑器）、Hypergraph（超图）等能够显示节点的编辑器窗口，直接选中节点按键盘上的【Delete】键删除。

提醒：有的历史记录节点与其他的历史节点有关联，贸然删除会影响后面的节点网络，使物体的外形出现错误。

笔记

第 28 问　什么叫 Normal（法线）?

法线是与多边形的表面垂直的理论线。在 Maya 中，Face Normals（面法线）用于确定多边形面的方向，Vertex Normals（顶点法线）确定多边形面之间的可视化柔和度或硬度。如图 20 所示，特定顶点的法线均指向同一方向时，物体显得很平滑，显示 Soft Edge（软边）；顶点法线所指的方向不一致，物体会显示 Hard Edge（硬边）。

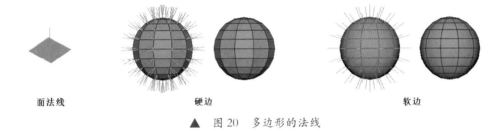

面法线　　　　　　　　　　　硬边　　　　　　　　　　　　　　软边

▲　图 20　多边形的法线

查看对象的法线：

如果要查看 Polygon（多边形）的法线，选中该多边形对象，依次点击菜单栏 Display（显示）→ Polygons（多边形）→ Face Normals（面法线）或 Vertex Normals（顶点法线），就可以看到该对象的面法线或顶点法线。再点击一次则可取消法线显示。"Normals Size"（法线尺寸）菜单项可以改变法线的长度。

如果要查看 NURBS 曲面的法线，选中该曲面对象，依次点击菜单栏 Display（显示）→ NURBS → Normals（法线），就可以看到该对象的法线。再点击一次则可取消法线显示。"Normals Size"（法线尺寸）菜单项可以改变法线的长度。

笔记

第 29 问　如果物体的一些面变成黑色，怎样做才能恢复正常显示？

　　有可能是法线方向反了，如果是多边形网格，可以点击菜单栏【Modeling（建模）】Mesh Display（网格显示）→Reverse（反向）或 Conform（一致）解决这个问题；如果是 NURBS 曲面物体，可以点击菜单栏【Modeling（建模）】Surfaces（曲面）→Reverse Direction（反转方向）。

笔记

　　如图 21 所示，两半网格进行 Combine（结合）和 Merge（合并）操作后，中间有条明显的线，有可能是两种情况：一种是两半网格 Combine（结合）成了一个网格，但两边接缝处的顶点还是分开状态，没有 Merge（合并），解决方法是把中缝处的顶点全部选中，执行 Merge（合并）操作；另一种是顶点合并后形成硬边，解决方法是点击菜单栏【Modeling（建模）】Mesh Display（网格显示）→Soften Edge（软化边）把这条硬边转化为软边。

▲　图 21　模型中间的线

　　值得一提的是，Maya2019 在顶点合并后不再会形成硬边，而且 Arnold 渲染器也会自动把这些硬边渲染成软边。

笔记

第 31 问　为什么有时候做 Booleans
（布尔运算）操作会失败？

做布尔运算的时候有时候会出现错误的结果，有可能是如下原因：

（1）Co-planar faces（共面的面）可能会导致布尔运算失败。

（2）沿网格相交处，布尔不支持 non-manifold geometry（非流形几何体）（只有非流形组件不在布尔运算的相交处时，布尔才支持非流形网格）和 self-intersecting geometry（自交的几何体）。

为了使布尔运算能够获得理想的结果，所有对象都应该是流形网格，面法线应在所有曲面之间一致。点击 Mesh Display（网格显示）→Conform（一致）使法线变得一致。

笔记

第 32 问　Union（并集）命令与 Combine（结合）命令有什么区别？

这两个命令都能将两个多边形网格合成一个网格，但是效果上有区别。

Union（并集）＝两个网格的面 − 交集的面，所以两个网格中间相交的部分是被去掉的。而 Combine（结合）的网格的拓扑将不以其他任何方式修改，相交部分的网格结构还存在。

图 22 是一个球体和一个圆环做了 Union（并集）操作和 Combine（结合）操作后的结果。

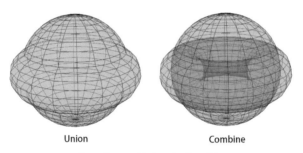

Union　　　　　　　　Combine

▲　图 22　Union 与 Combine

笔记

第 33 问　什么是 non-manifold topology polygons（非流形拓扑多边形）？

在 Maya 中，多边形几何体可以具有不同的配置或不同的拓扑类型。当需要理解建模操作为何无法按预期执行时，了解这些拓扑的特性就非常有用。

Two-manifold topology polygons（双流形拓扑多边形）具有可以沿其各个边进行分割并展开的网格，以便让网格展平且不重叠。

非流形拓扑多边形的配置使其无法展开为一个持续的平面部分。Maya 中的某些工具和操作不适用于非流形几何体，例如：旧版布尔算法、减少功能和雕刻工具就不适用于非流形拓扑多边形。

图 23（a）T 形图中，两个以上的面共享一边，这就称为倍增连接的几何体。在图 23（b）"蝶"形图中，两个面共享一个顶点，但并不共享边。两个三维形状共享一个顶点时也可能构成该形状（如两个立方体相交于一点）。在图 23（c）中，一个图形具有非连续的法线（不含边界边）。也就是说，每个多边形面上的法线指向相反的方向。这是一个不那么明显的非流形几何体示例。

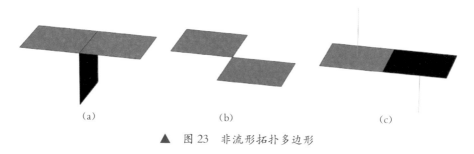

(a)　　　　　　　　(b)　　　　　　　　(c)

▲　图 23　非流形拓扑多边形

笔记

第 34 问   什么是 non-planar polygons（非平面多边形）？

如果一个面的所有顶点位于一个特定平面中，它就是 planar（平面）。例如：一个三角形面始终为平面，因为其三个点定义一个平面。

在下列情况中多边形面为非平面：它具有三个以上顶点，并且其中一个或多个顶点不在同一平面中，如图 24 所示。当多边形网格由四边形或 n 边形组成，则可能存在非平面多边形面。

可以通过点击 Display（显示）→Polygons（多边形）→Non-planar Faces（非平面面）来显示非平面，如果网格中存在非平面的话会高亮显示，如图 24(a) 所示。可以使用 Multi-Cut Tool（多切割工具）将其分割为平面三角形或重新拓扑面，如图 24 (b) 所示。

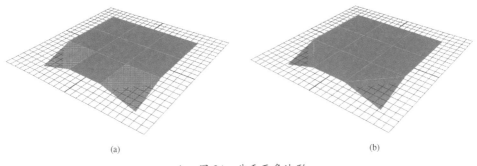

(a)   (b)

▲ 图 24   非平面多边形

笔记

第 35 问　如何 Clean up（清理）多边形网格？

点击【Modeling（建模）】Mesh（网格）→Cleanup（清理），将执行清理多边形网格的操作。

"清理"功能支持从多边形网格中移除不需要的几何体（例如面积为零的面或长度为零的边）。也可以细分在 Maya 内有效、却在游戏控制台中无效的面（如凹面或带洞面）。

在执行网格清理之前先选择"Remove Isolated Components"（移除隔离的组件）选项，可移除在建模操作期间创建的孤立组件，如一些孤立的点、边等。

由于"清理"功能可以合并顶点并收拢零长度边，因此可能会出现"清理"功能输出非流形几何体的情况。如果设定清理选项以层叠方式在网格上执行多个清理操作时，则会出现这种情况。如有可能出现，建议多次运行 Cleanup（清理）命令，并且仅在最后一次迭代中启用"Remove Geometry"（移除几何体）区域中的"Non-Manifold Geometry"（非流形几何体）选项。

笔记

第 36 问　如何 **polyRetopo**（重新拓扑面）？

在操作过程中（尤其是布尔运算操作）可能会产生超过四条边的面（Faces with more than 4 sides），即不是由三角形或四边形组成的面，这个时候需要重新拓扑面。

选中需要重拓扑的网格，在 Command Line（命令行）中输入"polyRemesh"（注意大小写），按回车键，所有的面都变成了三角面；再在命令行中输入"polyRetopo"（注意大小写），按回车键，则所有的面重拓扑成了四边形的面。如图 25 所示。

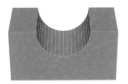 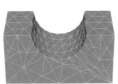 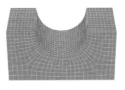 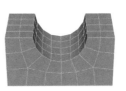

Booleans>Difference　　　polyRemesh　　　polyRetopo　　　polyRetopo
　　　　　　　　　　　　　　　　　　　Target Face Count: 2000　Target Face Count: 0

▲　图 25　重拓扑

重拓扑后的物体会在历史记录里增加两个节点。打开"polyRetopo"的信息，修改"Target Face Count"（目标面数）的数值可以改变网格的疏密。

注意："polyRemesh"命令和"polyRetopo"命令结合起来使用效果比较好。

笔记

第 37 问　重新拓扑后的网格如何保持中线不变？

有时候制作的模型需要分为左右结构，中间有一条中轴线，但是重拓扑以后，中轴线的位置可能会发生偏移甚至消失，如图 26(a)所示。如果要保留重拓扑前的网格的中轴线，就需要把这条线变成 Harder Edge（硬边）。

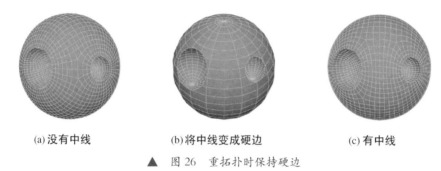

(a) 没有中线　　　　　　(b)将中线变成硬边　　　　　　(c) 有中线

▲　图 26　重拓扑时保持硬边

选中需要重拓扑的网格的中轴线，点击【Modeling（建模）】Mesh Display（网格显示）→Harden Edge（硬化边），如图 26（b）所示；然后再对该网格应用 "polyRemesh" 命令和 "polyRetopo" 命令，重拓扑后的网格就保留了原来的中轴线，如图 26(c)所示。

对于其他需要保留的边也可以实行同样的操作。

笔记

第 38 问　为什么选择 Cube（立方体），而不是 Sphere（球体）来作为球状物体建模的初始基本体？

创建一个 Cube（立方体），Smooth（平滑）操作或按【3】键以后得到一个球体，这个球体与 Sphere（球体）最大的区别就是拓扑结构不一样，如图 27 所示。

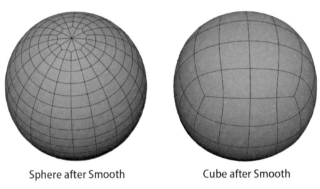

Sphere after Smooth　　　　Cube after Smooth

▲　图 27　Sphere 和 Cube

Sphere（球体）有两个"极点"，结构线往两个"极点"汇聚。围绕"极点"的一圈面是三角面，其余的面是四边形面。而且球体上的面大小不均匀，面积从"赤道"到"两极"逐渐缩小。

Cube（立方体）平滑后形成的球体都是四边形面，面的大小比较一致，拓扑结构在整个表面上均匀分布。

建模时如果需要环状结构或瓣状结构，那么可以用 Sphere（球体）作为初始基本体，其余情况推荐使用 Cube（立方体），因为 Cube 均匀的拓扑结构更易于拓展。

笔记

第 39 问　如何给多边形网格选择合适的 Mapping UVs（UV 映射方式）？

可以使用多种方法映射 3D 对象，所有这些方法以不同的方式平衡优化纹理的拉伸/收缩。

Mapping UVs（映射 UV）是指为网格指定 UV 的过程。通常情况下，可以通过将 UV 从一个或多个基本体对象（例如，平面、圆柱体或球体）投影到近似于网格轮廓的网格曲面开始该过程。例如将 Contour Stretch Map（轮廓拉伸）投影到凹凸不平的丘陵地形上。

我们来看看 Maya 提供的 UV 映射方式都适用于哪种类型的网格模型。

1. Planar（平面映射）

平面映射通过平面将 UV 投影到网格。该投影最适用于相对平坦的对象，或者至少可从一个摄影机角度完全可见的对象，如平坦的街道或建筑面、屏幕等。

2. Cylindrical（圆柱形映射）

圆柱形映射基于圆柱体投影形状为对象创建 UV，该投影最适用于形状近似于封闭的圆柱体的对象，如头部、躯干、瓶子等。

3. Spherical（球形映射）

球形映射使用基于球形图形的投影为对象创建 UV，适用于星球、球形容器等。

4. Automatic（自动映射）

自动映射通过同时从多个平面投影尝试查找最佳 UV 放置来创建多边形网格 UV。该 UV 映射方法对于复杂的网格是非常有用的，在复杂的网格中，基本平面、圆柱形或球形投影不会产生有用的 UV。自动映射能快速产生较精确匹配模型的 UV 投影，适用于 3D 绘制或毛发制作。使用的平面（Planes）越多，UV 布局中的扭曲越少，但是会创建更多的 UV 壳（Shells）。在 UV 编辑器中使用"移动并缝合 UV 边"（Move and Sew UV Edges）功能将 UV 壳缝合到一起。

5. Best Plane（最佳平面 UV 映射）

最佳平面 UV 映射通过投影连接指定组件的最佳平面，基于指定的面/顶点为多边形网格创建 UV。它对于投影到选定面的子集特别有用。例如一个网格对象整体应用了一种纹理，但是在某些面上我们想要额外投影上一个标签图案，于是我们可以用最佳平面 UV 映射方法，选中这些面创建一个 UV 子集，标签图案就能以最佳的方式投影到这些面上。

6. Contour Stretch（轮廓拉伸 UV 映射）

轮廓拉伸 UV 映射可以将纹理图像投影到对象多边形的选择上。轮廓拉伸映射分析有四个角点的选择以确定如何最佳地在图像上拉伸多边形的 UV 坐标，它对将纹理应用到不规则的、类似地形的网格上（如凹凸不平的丘陵地形）很有帮助，对将形状规则的纹理拟合到弯曲网格上（如在啤酒瓶瓶颈和瓶体连接处的标签）也很有用。

笔记

第 40 问　为什么一个 UV 壳线的颜色会溢出到其他 UV 壳线内（Texture bleeding）?

　　纹理溢出是指一个 UV 壳内部的颜色信息因纹理过滤而溢出到另一个 UV 壳中。应当至少在所有 UV 壳周围保留 2 个像素，使纹理贴图边界的边距为 2px，而且 UV 壳之间的边距为 4px 以上。

　　设置步骤为：在 UV Editor（UV 编辑器）里，点击 Modify（修改）→Layout（排布）□，点击"□"打开 Layout UVs Options（排布 UV 选项），在 Layout Settings（布局设置）区域，将"Padding Units"（填充单位）选到"Pixels"（像素），"Shell Padding"（壳填充）输入 2 以上的数值。点击"Apply"（应用）就可以应用到 UV 壳线的排布上了，如图 28 所示。

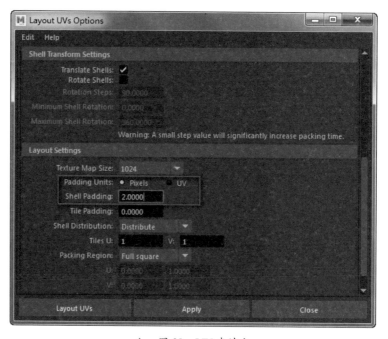

▲　图 28　UV 壳填充

第 41 问　给复杂的物体展 UV 需要注意什么?

给复杂物体展 UV 时, 如果整片 UV 不能在平面上完全展开, 有的地方出现重叠, 就需要将 UV 片剪开。在醒目或有明显纹理的区域要尽量保持 UV 连贯, UV 壳的边界应选择剪在不易被察觉或纹理不明显的部位, 如有毛发或衣物遮挡的部位。

Maya 的 UV 编辑器里有很多处理 UV 的工具, 其中 "Unfold" (展开) 工具使用起来非常方便, 只需要把 Method (方法) 选项设置在 "Unfold3D" 上, 使用默认的参数设置就可以便捷地把 UV 展开。如果把 Method (方法) 选到 "Legacy" (旧版), 参数界面会变成旧版 Unfold 的选项, 习惯使用旧版 Unfold 的人仍然可以在 Legacy (旧版) 里找到熟悉的感觉。

大多数情况下只使用 Unfold (展开) 的 "Unfold3D" 就可以满足展 UV 的需要, 但如果局部区域仍有重叠, 可以用 "Optimize" (优化) 工具来松弛那些重叠的 UV 点。

笔记

第 42 问　纹理大小如何与实际面积大小相匹配？

物体模型建好以后，如果直接赋予带纹理的着色器，则纹理很可能出现扭曲、拉伸等现象。给物体应用 Unfold（展开）命令展 UV 以后，纹理的尺寸经常出现与物体实际面积不匹配的情况，还需要再应用 Layout（排布）命令才能把纹理的尺寸统一起来。如图 29 所示，展 UV 之前，纹理有拉伸现象；应用 Unfold（展开）之后，纹理没有拉伸，但是比例不统一；应用 Layout（排布）之后，纹理比例统一。

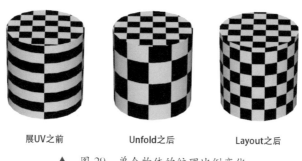

展UV之前　　　　　Unfold之后　　　　　Layout之后

▲　图 29　单个物体的纹理比例变化

第二种情况是物体曾经用 Scale（缩放）操作改变过某个轴向的比例，例如：对一个圆柱体在 Y 轴上进行拉伸，"Scale Y"（缩放 Y）的数值不是 1，这时对该圆柱体应用 Unfold（展开）和 Layout（排布）都不能得到纹理比例统一的结果，还需要对该物体进行 Freeze（冻结）操作；选中物体，点击主菜单的 Modify（修改）→Freeze Transformations（冻结变换），使圆柱体的 Scale Y（缩放 Y）数值变成 1，再重新进行一次 Unfold（展开）和 Layout（排布）操作，就能得到纹理大小一致的结果。如图 30 所示。

第三种情况是有多个物体共用一套纹理，如图 31 所示，分别对这些物体应用 Unfold（展开）和 Layout（排布）以后，还是不能在这些物体之间呈现相同的尺寸比例。解决办法是将这些物体先用 Combine（结合）操作合并成一个物体 [【Modeling（建模）】Mesh（网格）→Combine（结合）]，然后再用 Separate（分离）操作将它们分开 [【Modeling（建模）】Mesh（网格）→Separate（分离）]，删除历史记录 [Edit（编辑）→Delete by Type（按类型删除）→History（历史）]，然后将几个物体全部选

展UV之前　　　Unfold和Layout之后　　　Freeze之后重新展UV

▲　图 30　物体缩放之后的纹理比例变化

中，重新用 Unfold（展开）和 Layout（排布）进行展 UV，这样操作后就能得到正确的结果。

注意： 几个物体必须全部选中，不要分别对它们单独展 UV。

Unfold之后　　　　Layout之后　　　　Combine之后

▲　图 31　几个物体共用纹理

笔记

第 43 问　如何给网格应用 UV Set（UV 集）?

可以使用 UV 集为网格创建 UV 纹理坐标的多个排列。如果对象需要为不同的纹理（称为"多重纹理"）使用多个 UV 布局，则 UV 集十分有用。这样在调整一套 UV 映射时，不会影响其他的纹理排布。

UV 集最快的创建方法就是映射 UV。映射 UV 时，应打开选项窗口，在"UV Set"（UV 集）区域启用"Create New UV Set"（创建新 UV 集），并在"UV Set Name"（UV 集名称）框中输入名称。

第二种方法是在开始时使用空 UV 集，然后创建 UV。选择对象，然后选择【Modeling（建模）】UV → UV Set Editor（UV 集编辑器），打开 UV 集编辑器。"map1"是 Maya 创建的默认 UV。点击"New"（新建）可以创建新的空子集，双击名称可以修改子集的名称。选择新的子集，用 UV 映射的方式创建 UV。

UV 集创建好后，需要将使用的纹理对应到不同的 UV 子集。先选择网格，再依次点击 Windows（窗口）→Relationship Editors（关系编辑器）→UV Linking（UV 链接）→UV - Centric（以 UV 为中心），打开 Relationship Editor（关系编辑器）。界面左半部分为网格的 UV Sets（UV 集）列表，右半部分为网格所使用的 Textures（纹理）列表。选择左边的一个 UV 子集，然后点击右边的纹理，选中的 UV 子集和纹理都会变成高亮显示，这就表示该纹理将按此 UV 子集的方式投影到网格上。如图 32 所示。

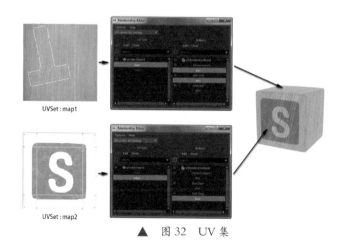

UVSet : map1

UVSet : map2

▲　图 32　UV 集

第 44 问　如何设置多边形物体背面不可见（Backface Culling）？

当我们在创建场景，特别是室内场景的时候，为了避免墙壁等物体对摄影机的遮挡，会设置物体背面不可见。有两个方法可以设置这个效果。

方法一：选中该多边形物体，依次点击菜单栏 Display（显示）→Polygons（多边形）→Backface Culling（背面消隐），则该物体背面不可见，其他没被选中的物体不受影响。Backface Culling（背面消隐）菜单项下的 Culling Options（消隐选项）里有三个选项：Keep Wire 是保持线框，Keep Hard Edges 是保持硬边，Keep Vertices 是保持顶点。多边形的背面将会以勾选的这三种模式显示。

方法二：选中该多边形物体，查看 Attribute Editor（属性编辑器），在 Shape（形状）选项卡下，点开 Mesh Component Display（网格组建显示）的参数列表，Backface Culling（背面消隐）这一项的默认值为"off"（禁用），即背面显示为黑色表面；如果选择"wire"（线条），则背面只显示线框；如果选择"hard"（硬边），则背面只显示硬边；如果选择"full"（完全），则背面完全不可见。

笔记

第 45 问　如何给多边形创建倒角？

按【Ctrl】+【B】即可创建倒角，可以通过修改 Fraction（分数）设置倒角宽度，修改 Segments（分段）设置倒角的段数。

注意：选中网格就直接创建倒角，会将网格上所有的边（edge）全做成倒角，如图 33(a)所示，这样会形成很多不必要的线，而且网格会变得不光滑；所以我们应该先选择需要倒角的边，再创建倒角，如图 33(b)所示。

(a) 对整个圆柱体倒角　　　　　(b) 只对上下两条边倒角

▲　图 33　倒角

笔记

第 46 问　使用 Bridge（桥接）命令时，为什么生成的桥体嵌入模型内部了？

给有厚度的多边形物体做桥接时，经常会发生桥体生成方式不正确的情况。而没有厚度的多边形物体一般都能正确生成桥体。我们可以通过修改桥接的 Direction（方向）来解决这个问题。

点击【Modeling（建模）】Edit Mesh（编辑网格）→ Bridge（桥接）□，点击"□"打开 Bridge Options（桥接选项），在 Direction（方向）里选择 Custom（自定义），Source（源）选"+"，如图 34 所示。

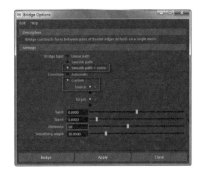

▲　图 34　桥接

笔记

第 47 问　使用多边形建模中的 Extrude（挤出）命令时，有什么需要注意的地方？

（1）多边形的 Extrude（挤出）命令是常用的建模命令，对应的热键是【Ctrl】+【E】。

（2）Extrude（挤出）命令可以应用在多边形的顶点、边、面上。

（3）Extrude（挤出）操作会产生五星点（一个顶点连接五条边）。

（4）做 Extrude（挤出）操作时，要沿法线方向挤出，就拖动蓝色的箭头操纵器。

（5）做 Extrude（挤出）操作以后，如果要撤回该操作，一定要撤回到边或面被选中之前的状态，否则可能会有重叠的边或面。

（6）如果要让挤出的面分离，例如：挤出几根手指，就要把"Keep Faces Together"（保持面的连接性）从"on"（启用）改成"off"（禁用）。

（7）如果要让挤出部分等比例缩小或放大或旋转，在【Modeling（建模）】Edit Mesh（编辑网格）→"Extrude"（挤出）□，点击"□"打开 Extrude Face Options（挤出面选项），把"Curve"（曲线）选到"Generated"（已生成）选项上。设置"Taper"（锥化）为 0 时，挤出的末端会收缩成一个点；小于 1 时，末端收缩；大于 1 时，末端放大；等于 1 时，末端不缩放。"Twist"（扭曲）值为 0 时，不旋转；大于 0 时，逆时针旋转相应角度；小于 0 时，顺时针旋转相应角度。最大旋转角度为 180°。

（8）做了 Extrude（挤出）操作后，通道盒的"INPUTS"（输入）列表里会有相应的历史记录节点。点击要修改的 Extrude（挤出）历史记录名称，按【T】键，就能调出 Extrude（挤出）的操作手柄进行修改。"Thickness"（厚度）改变挤压的厚度，"Divisions"（分段）改变段数。

笔记

第 48 问　如何在 Nurbs 曲面上挖洞？

　　多边形的形成原理是：两个顶点连成边，三条及以上的边围成面，面与面相接形成多边形网格。在多边形上挖洞，只需要选择相应的面并删除它，因为还保留了顶点和边的结构，所以就能在网格内部形成一个洞。而曲面的生成机制与多边形不一样，它可以被想象成一条曲线沿某个轨道移动时形成的连绵不断的轨迹，它没有顶点、边、面的构造元素，所以在曲面上挖洞要用其他办法。

　　先创建一条闭合的曲线，按照洞的形状调整曲线的控制顶点，然后点击菜单栏里的【Modeling（建模）】Surface（曲面）→Project Curve on Surface（在曲面上投影曲线）□，点击"□"打开"在曲面上投影曲线选项"的设置窗口，将 Project along（沿以下项投影）选到"Active view"（活动视图：沿当前视图方向投影）或"Surface normal"（曲面法线：沿表面法线方向投影），在曲线和曲面都选中的情况下就可以将曲线投影到曲面上。最后点击菜单栏中的【Modeling（建模）】Surface（曲面）→Trim Tool（修剪工具），选择曲面上要保留的区域，按【Enter】键将没被选择的区域裁剪掉。在删除历史记录之前，还可以调整曲线的控制顶点去更改裁剪出的洞的形状。

　　提示：投影区域要避开曲面的接缝，否则投影出的曲线不闭合。

笔记

第 49 问　如何在三维空间中绘制曲线？

绘制曲线时，曲线会吸附在 Grid（网格）上，呈扁平状。如果想让曲线呈现三维立体效果，除了移动 Control Vertics（控制顶点）外，还可以在绘制的时候就把曲线吸附到三维物体上。只要把物体选中，点击 Modify（修改）→Make Live（激活）/ Make Not Live（取消激活）就可以激活或取消激活物体，物体在激活状态时可以被曲线吸附。

如果激活的是 Polygon 物体，绘制出的曲线直接就是独立的对象，可以在三维空间中随意移动。缺点是曲线与物体表面形状贴合不紧密。

如果激活的是 Nurbs 物体，曲线会成为曲面的一部分，可以在曲面上滑动，但是不能脱离曲面。只有当物体取消激活，再点击【Modeling（建模）】Curves（曲线）→ Duplicate Surface Curves（复制曲面曲线）才能将该曲线复制出来成为独立的对象。优点是绘制的曲线会与曲面紧密贴合。

提示：在 Nurbs 物体上绘制曲线时，如果选用 EP 曲线工具绘制，在跨过曲面接缝时一定会出现异常状态，而选用 CV 曲线工具就不会有这个问题，如图 35 所示。推荐选用 CV 曲线工具绘制曲线。

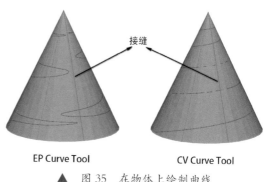

EP Curve Tool　　　　　　　　CV Curve Tool

▲　图 35　在物体上绘制曲线

笔记

第 50 问　将曲面转为多边形时选哪种转换方式更好？

依次点击 Modify（修改）→Convert（转化）→NURBS to Polygons（NURBS 到多边形）□，点击"□"打开转换设置窗口。首先要将 Type（类型）改为 Quads（四边形），这样转换出的多边形的面都由四条边围成。

Tessellation method（细分方法）有四种方法："General"（常规）、"Standard fit"（标准适配）、"Count"（计数）和"Control Points"（控制点）。

推荐选择"Control Points"（控制点）细分方法，这种细分方法将 NURBS 模型转化成多边形，同时匹配原始 NURBS 曲面的 CV（控制点）。此操作默认转换成四边形的面。转换后的多边形只要按"3"键显示细分平滑效果，就会与原始曲面物体一模一样。

笔记

第 51 问　向曲面投影曲线时，为什么投影出的曲线是断开的？

当使用 "Project Curve on Surface"（在曲面上投影曲线）命令把一条曲线投影到曲面上时，投影出的曲线如果被截断，有可能是因为正巧投影到了曲面的 seam（接缝）上。曲面的接缝是曲面上被加粗显示的线，它代表曲面的起点和终点，如图 36 所示。

投影的时候应该避开曲面的接缝。

还可以把接缝的位置换到别处去。在新的位置选中一条 Isoparm（等参线），点击【Modeling（建模）】Surfaces（曲面）→Move Seam（移动接缝），就能把接缝换到选中的 Isoparm（等参线）的位置。

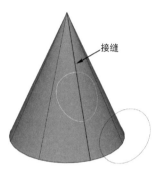

接缝

▲　图 36　在曲面上投影曲线

笔记

第 52 问　使用曲面建模的 Extrude（挤出）操作，为什么得到的曲面与路径不符？

在使用曲面建模的 Extrude（挤出）操作时，先选择作为 profile（截面）的曲线，再选择作为 path（挤出路径）的曲线，然后点击主菜单【Modeling（建模）】Surfaces（曲面）→Extrude（挤出），很可能会发现挤出的曲面与预期不符，完全没有贴合到挤出路径上。解决方法有两个。

（1）将截面曲线用【C】键吸附到路径曲线的根部，这样挤出的曲面就符合要求了。

（2）打开"Extrude Options"（挤出选项）窗口，将"Style"（样式）选择"Tube"（管），"Result position"（结果位置）选择"At path"（在路径处），"Pivot"（枢轴）选择"Component"（组件），"Orientation"（方向）选择"Profile normal"（剖面法线）。Extrude（挤出）命令这样设置以后，截面曲线无论位于什么场景中的什么地方，挤出的曲面都能贴合路径。

注意：如果挤压的同时设置了"Rotation"（旋转）或"Scale"（缩放），则截面曲线必须吸附到路径曲线的根部，否则挤压出的曲面会出现无法预料的形变。

笔记

Arnold 渲染

第 53 问　Maya 原生 Shader（着色器）都有什么种类和特点？

1. Anisotropic（各向异性）

这种 Shader（着色器）类型用于模拟具有微细凹槽的表面。某些材质，例如：头发、拉丝不锈钢器具和 CD 光盘都具有各向异性的镜面反射形态，高光的形状并非一个圆点，而是不规则状的长条形。该节点能对高光的长短及方向做控制。

2. Blinn

具有较好的软高光效果，适用于一些具有镜面反射的表面，如金属、陶瓷等。可以使用 Eccentricity（偏心率）和 Specular roll off（镜面反射衰减）等参数值对高光的柔化程度和高光的亮度进行调节。

3. Hair Tube Shader（头发管着色器）

可以用来模拟头发的质感，或是将 Paint Effects 绘制的头发转为 Polygon（多边形）时，原本在头发里的材质属性，将会转换到 Tube Shader（管着色器）里。

4. Lambert

它只包含漫反射属性，没有任何镜面反射属性。它多用于不光滑的表面，常用来表现自然界的物体材质，如木头、岩石、水泥、砖块、纸张等。在 Hypershade 中有一个系统自建的 Lambert1 着色器，所有创建出的物体都默认使用该着色器。

5. Layer shader（分层着色器）

它可以将不同的 shader（着色器）节点合成在一起。每一层都具有其自己的属性，每种材质都可以单独设计。在层属性里，处于最左边的层是在表面显示，处于最右边的层是在底层显示。表层的材质应该设置 Alpha 透明贴图，才能透出下层的材质。在 Maya 中，白色的区域是完全透明的，黑色区域是完全不透明的。

6. Ocean Shader（海洋着色器）

主要用来模拟大海的质感，可以利用它来产生不同速度、浪高的波峰造型等效果。Ocean Shader（海洋着色器）常常搭配 Maya 的 Fluid Effects（流体特效）来制作。

7. Phong

有明显的高光区，表现的是光亮透明或光滑的质感，它所呈现的亮点较为锐利，适用于湿滑的、表面具有光泽的物体，如玻璃、水等。

8. Phong E

由 Phong 着色器衍生而来，在镜面反射上有更多的控制参数，在高光区能拥有更好的渐变控制能力，能产生比 Blinn 锐利、比 Phong 柔和的高光区。Phong E 的渲染速度比 Phong 快。

9. Ramp Shader（渐变着色器）

允许用户设定颜色所产生的方式是由灯光还是视角来决定。可以使用它来模拟非真实的材质效果，如传统的 2D 卡通质感。Ramp Shader（渐变着色器）已经自行将 Ramp（渐变）贴图和 Color（颜色）、Transparency（透明度）、Incandescence（白炽度）、Specular Color（镜面反射着色）、Reflectivity（反射率）和 Environment（环境）等属性做连接，因此用户不需要额外做连接设定就可以直接使用。Ramp（渐变）贴图为一种渐变的质感，可以利用它来控制不同颜色或材质间的融合效果。

10. shading map（着色贴图）

属性面板非常简单，只有一个颜色参数可以调节，但可以将其他 shader（着色器）拖到该节点的 Color（颜色）属性里，等同于给其他 shader（着色器）添加了颜色控制。通常应用于非真实或卡通、阴影效果。

11. Surface Shader（表面着色器）

和 shading map（着色贴图）类似，可以产生平面化的效果，但是它除了 Out Color（输出颜色）以外，还有 Out Transparency（输出透明度）、Out Glow Color

（输出辉光颜色）和 Out Matte Opacity（输出蒙版不透明度），所以 Surface Shader（表面着色器）常用来模拟卡通材质。

12. Use Backgroud（使用背景）

使用了这个材质的物体像隐形了一样，渲染的时候和背景融为一体，连 Alpha 都是完全透明的。但是这个物体可以反射、投射、接收阴影，利用这些特性可以得到类似隔离渲染的效果，可用来进行后期抠像、合成。

笔记

第 54 问　Arnold 支持哪些 Maya 原生的渲染节点？

表 3　**Arnold 对 Maya 原生渲染节点的支持**

类别	节点名称	是否支持
Light 灯光	ambientLight 环境光	否
	Directional Light 平行光	是
	Point Light 点光源	是
	Spot Light 聚光灯	是
	Area Light 面积光	是
	Volume Light 体积光	否
Surface 曲面	Anisotropic 各向异性	是
	Blinn	是
	Phong	是
	Layered Shader 分层着色器	是（限制 16 层以内）
	Ocean Shader 海洋着色器	否
	Ramp Shader 渐变着色器	否
	Use Background 使用背景	否
	Lambert	是
	Surface Shader 曲面着色器	是
2D Textures 2D 纹理	Bulge 凸起	是
	Checker 棋盘格	是
	Cloth 布料	是
	File 文件	是
	Fluid Texture 2D 流体	是
	Fractal 分形	是
	Grid 栅格	是

类别	节点名称	是否支持
2D Textures 2D 纹理	Mountain 山脉	是
	Noise 噪波	是
	Ramp 渐变	是
	Water 水	是
	Layered Texture 分层纹理	是
3D Textures 3D 纹理	Brownian 布朗	是
	Cloud 云	是
	Crater 凹陷	是
	Fluid Texture 3D 流体	是
	Granite 花岗岩	是
	Leather 皮革	是
	Marble 大理石	是
	Rock 岩石	是
	Snow 雪	是
	Solid Fractal 匀值分形	是
	Stucco 灰泥	是
	Volume Noise 体积噪波	是
	Wood 木材	否
Env Textures 环境纹理	Env Sphere 环境球体	是
General Utilities 常规工具	Array Mapper 数组映射器	否
	Bump2d	是
	Bump3d	否
	Condition 条件	是
	Distance Between 间距	否
	Height Field 高度场	否
	Light Info 灯光信息	是

（续表）

类别	节点名称	是否支持
General Utilities 常规工具	MultiplyDivide	是
	Place2d	是
	Place3d	是
	PlusMinusAverage	是
	Projection 投影	是
	Reverse 反转	是
	SamplerInfo	是
	SetRange	是
	Remap Value 重映射值	否
	Stencil 蒙板	否
	Uv ChooserUV 选择器	是
	Vector Product 向量积	否
Color Utilities 颜色工具	Blend 混合	是
	Clamp 区间限定	是
	Contrast 对比度	是
	Gamma Correct	是
	Color Correct	是
	Hsv To Rgb	是
	Luminance 亮度	是
	Remap Color 重映射颜色	是
	HSV 重映射	是
	Remap Hsv 重映射值	是
	Rgb To Hsv	是
	Smear 涂抹	否
	Surface Luminance 曲面亮度	否

第 55 问　如何使用网上下载的材质库？

将网上下载的材质库拷贝到电脑的本地文件夹中，打开 Hypershade（材质编辑器），点击菜单 Tabs（选项卡）→Create New Tab（创建新选项卡），在"New tab name"（新选项卡名称）里输入选项卡名称，例如：创建选项卡"Arnold _ shader"，先在"Tab type"（选项卡类型）选择"Disk"（磁盘），然后在"Root directory"（根目录）里将路径指定到材质库保存的文件夹，点击"Create"（创建），就在 Hypershade（材质编辑器）里创建了一个该材质库的选项卡。材质库里的所有材质球会以". ma"格式的文件加载到选项卡列表里。

选择某个材质球，鼠标右键选择"Import Maya File"（导入 Maya 文件），将把这个材质球加载到 Hypershade（材质编辑器）的"Materials"（材质）选项卡里，这样我们就可以使用这个材质球赋予场景中的物体了。

如果网上下载的材质库版本较早，提供的材质球是"aiStandard"着色器，2018以后的 Arnold 已经没有"aiStandard"类型的着色器，只有"aiStandardSurface"着色器，这就导致旧的材质球无法直接赋予物体。解决办法是创建一个 aiStandardSurface 着色器，它会自带一个 aiStandardSurfaceSG（着色器组）节点，而 aiStandard 着色器没有相应的着色器组节点。我们用手动连接的方式将 aiStandard 的"Out Color"（输出颜色）连接到 aiStandardSurfaceSG 的"Surface Shader"（表面着色器）属性上，用鼠标中键将 aiStandardSurfaceSG 拖到物体上即可实现赋予材质。

笔记

第 56 问　怎样查看 Shader（着色器）与物体的关系？

（1）查看着色器赋予了哪些物体：在 Hypershade（材质编辑器）中，选中一个 Shader（着色器），鼠标右键出现的标记菜单中选择"Select Objects With Material"（选择具有材质的对象），这时场景中凡是使用了该着色器的物体就会被选中。

（2）查看物体使用了哪个着色器：在场景中选择一个物体，在 Hypershade（材质编辑器）中点击窗口菜单的 Graph（图表）→Graph Materials on Selected Objects（为选定对象上的材质制图），将在 Hypershade（材质编辑器）中显示该物体使用的材质网络。

笔记

第 57 问　在 Hypershade（材质编辑器）里有哪些复制渲染节点的方法？

在 Hypershade（材质编辑器）里搭建材质网络时，经常需要复制 Shader（着色器）或 Texture（纹理）节点。Hypershade 提供了三种复制节点的方法，可以在窗口菜单 Edit（编辑）→Duplicate（复制）里看到这三种方法，如图 37 所示。

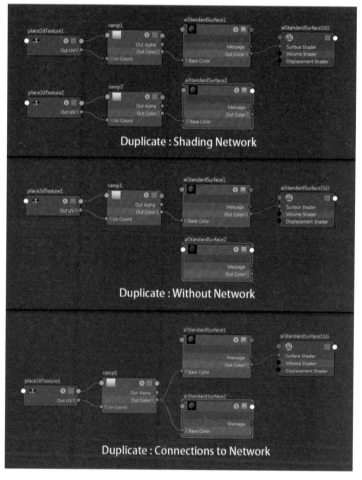

▲　图 37　Hypershade 里复制渲染节点的方法

（1）**Shading Network（着色网络）**：用此方法复制出的节点会将上游节点网络也复制出来。

（2）**Without Network（无网络）**：等同于按下【Ctrl】+【D】热键，用此方法复制出的节点是孤立的，不带上下游连接。

（3）**Connections to Network（已连接到网络）**：用此方法复制出的节点跟原节点共享相同的上游节点网络。

我们可以根据复制的需要来选择采用适合的复制方法，但一定要遵循"精简"原则，材质网络里不要产生无用的或重复的节点。如果参数没有变化，尽量使用同一个节点，没有必要再复制出一个一模一样的。还要经常清理无用的节点，通过点击 Hypershade（材质编辑器）里的菜单 Edit（编辑）→Delete Unused Nodes（删除未使用节点）将没有与场景连接的节点删除。

笔记

第 58 问　在 Arnold 中如何降噪（Removing Noise）？

要从渲染中去除噪波，首先要确定噪波的来源。导致噪波的原因包括：

（1）采样不足：渲染运动模糊、景深、漫反射、镜面反射、阴影、间接镜面反射、透射、SSS、大气体积时产生的噪波。

（2）其他：高亮杂点、不遵守能量守恒定律的着色器、网络或设置。

在渲染的过程中按摄影机视图的像素读取场景中可见物体的局部信息进行计算，这个过程就叫作采样，在这个过程中取到的物体上的点就叫作采样点。

噪波大多是由于采样不足而导致的，但增加错误光线的采样不仅会延长渲染时间，而且对去除噪波毫无作用。尝试在渲染中识别噪波时，渲染和查看 AOV 会很有帮助。AOV 使我们可以隔离噪波类型并调整相关采样数。表 4 提供了常见噪波出现的地方与对应的采样参数。

表 4　噪波的解决办法

噪波在以下各项中可见	要调整的采样参数
Alpha 通道	Camera（AA）samples 摄影机采样数
Indirect Diffuse 间接漫反射	Diffuse samples 漫反射采样数
Direct Specular 直接镜面反射 （specular noise 镜面反射噪波）	Light samples 灯光采样数
Direct Diffuse 直接漫反射 （shadow noise 阴影噪波）	Light samples 灯光采样数
Indirect Specular 间接镜面反射	Specular samples 镜面反射采样数
Transmission 透射	Transmission samples 透射采样数
SSS 次表面散射	SSS samples 次表面散射采样数
Volume 体积	Volume samples 体积采样数 （灯光中也存在体积采样数）

图 38 和图 39 显示了如何有效识别场景中的噪波类型及使用哪些采样参数加以改进。

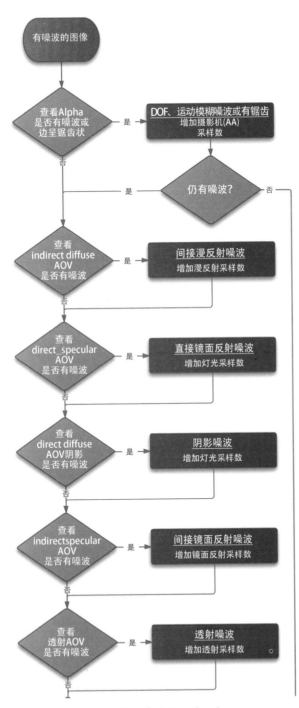

▲ 图 38　降噪流程图（上）

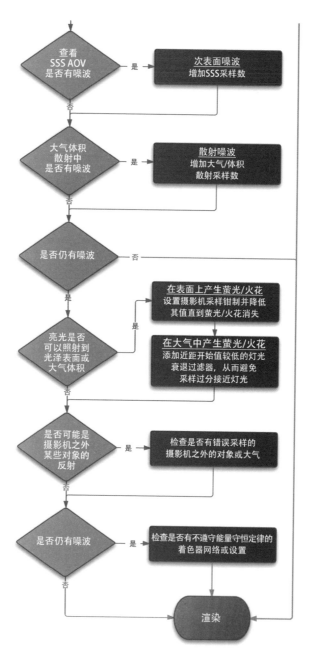

▲ 图 39 降噪流程图（下）

第 59 问　为什么有时候使用 Arnold RenderView（Arnold 渲染视窗）不能渲染出场景中已做的修改？

　　Arnold RenderView（Arnold 渲染视窗）是一个交互式渲染（IPR）工具，旨在针对场景中发生的更改提供实时反馈，同时解决 Maya 原生渲染视图存在的一些限制。

　　使用 Arnold RenderView（Arnold 渲染视窗）的方便之处有：用户可随时选择不同的摄影机、AOV 和着色模式，而无须重新导出场景；使用鼠标拾取一个对象时即会在 Maya 中选择该对象，同时在渲染视图中亮显该对象；隔离对象、灯光、材质甚至是各个着色器节点，从而更便于调试着色网络；状态栏可提供有关正在进行的渲染及光标下像素的全面信息；框显选择区域；为常用操作和显示模式提供键盘快捷方式；存储图像快照，以便于比较。

　　大多数时候，Arnold RenderView（Arnold 渲染视窗）能对场景中所做的每个更改做出更新反馈。但有些时候，例如：场景中增加了一盏灯光、设置了 Sss Setname 等情况，在已打开的 Arnold RenderView 窗口中重新渲染却不能得到正确的效果，仿佛这些更改没有被系统识别出来。这时需要我们把 Arnold RenderView 关闭再打开，或点击视窗菜单 Render（渲染）→Update Full Scene（更新整个场景），重新渲染时就能得到正确的结果。

笔记

第 60 问　为什么渲染视窗里显示的图像颜色与保存到本地的图像颜色看起来不一样？

如图 40 所示，在 Maya 自带的 Render View（渲染视窗）里看到的图片颜色与保存出来的图片颜色不一样，是因为在 Save image（保存图像）时，默认的保存模式是"Raw Image"（原始图像），如果选为第二项"Color Managed Image-View Transform embedded"（已管理颜色的图像-视图变换已嵌入），保存出来的图片就与渲染视窗一致了。如果使用 Arnold 的渲染视窗（Arnold RenderView）保存图片就没有这个问题。

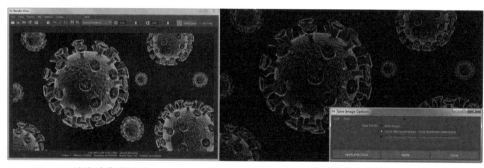

渲染时看到的颜色　　　　　　　　　　　　　存到本地后的颜色

▲　图 40　保存图片

笔记

第 61 问　Maya 支持哪些图片输出格式？

我们来看看 Maya 渲染窗口中所有支持的图片输出格式。

(1) Alias PIX (.als)： Autodesk PIX 文件格式。Maya 把 lmage（图像）、Mask（遮罩）和 Depth Channels（深度通道）保存在分离的文件中，此文件可以在 Windows 和 Linux 操作系统中使用。

(2) Cineon (.cin)： 此格式把图像和深度通道保存为单独的文件，可以在 Windows 操作系统和 Linux 操作系统使用。这是典型的数字电影的格式。Cineon 是由 Kodak 开发的，它是一种适合于电子复合、操纵和增强的 10 位/通道数字格式。使用 Cineon 格式可以在不损失图像品质的情况下输出回胶片。此格式在 Cineon Digital Film System 中使用，该系统将源于胶片的图像转换为 Cineon 格式，再输出回胶片。

(3) DDS (.dds)： DDS 是一种游戏开发常用的贴图文件格式，是 DirectDraw Surface 的缩写，它是 DirectX 纹理压缩（DirectX Texture Compression，简称 DXTC）的产物。由 NVIDIA 公司开发。大部分 3D 游戏引擎都可以使用 DDS 格式的图片用作贴图，也可以制作法线贴图。通过安装 DDS 插件后可以在 Photoshop 中打开。

(4) Encapsulated Postscript (.eps)： 压缩的 PostScript 文件格式，此格式无 Alpha 通道。

(5) GIF (.gif)： GIF 是压缩格式的文件，用于减少文件在网络上传递的时间，在深度上最高是 8 位（256 颜色），此格式无 Alpha 通道。

(6) JPEG (.jpg)： JPEG 是常见的一种图像格式，它由联合图像专家组（Joint Photographic Experts Group）开发。JPEG 文件的扩展名为 .jpg 或 .jpeg，它用有损压缩方式去除冗余的图像和彩色数据，在获得极高的压缩率的同时能展现十分丰富生动的图像，即可以用较少的磁盘空间得到较好的图片质量。此格式无 Alpha 通道。

(7) Maya IFF (.iff)： Maya 默认的图片文件格式，每通道的颜色位数为 8 位，可以把图像、遮罩和深度通道保存在一个文件中。

(8) Maya16IFF (.iff)： 每通道的颜色位数为 16 位，可以呈现出三万两千种不同的颜色。可以把图像、遮罩和深度通道保存在一个文件中。

(9) PNG (.png)： 在保证图片清晰、逼真的前提下图片体积小，采用无损压缩的算法，获得高的压缩比，不损失数据。PNG 图像在浏览器上采用流式浏览，它允许连续读出和写入图像数据，这个特性很适合于在通信过程中显示和生成图像。PNG 可以为原图像定义 256 个透明层次，使得彩色图像的边缘能与任何背景平滑地融合，从而彻底地消除锯齿边缘。这种功能是 GIF 和 JPEG 没有的。最高支持 24 位真彩色图像以及 8 位灰度图像。支持 Alpha 通道的透明/半透明特性。支持图像亮度的 Gamma 校准信息。支持存储附加文本信息，以保留图像名称、作者、版权、创作时间、注释等信息。

(10) PSD（.psd）：PSD 文件用 Photoshop 打开，是 PS 专有的位图文件格式。用 PSD 格式保存图像时，图像没有经过压缩。可以保存 Photoshop 的图层、通道、路径等信息，是唯一能够支持全部图像色彩模式的格式。

(11) PSD Layered（.psd）：PSD 分层源文件完整地记录了 Photoshop 编辑图像中的所有图层分层信息，当用 PS 打开的时候还能接着再次编辑。

(12) Quantel（.yuv）：由 Quantel 生成的图像格式。把图像和 Alpha 通道保存在一个文件中。Quantel 格式可输出到 YUV 中。Maya 只能在 NTSC、PAL、YUV 或 HDTV 分辨率下输出 Quantel。如果选择一个不同的分辨率，Maya 将把渲染图片保存为 Maya IFF 格式。

(13) RLA（.rla）：RLA 格式是一种在后期合成中非常实用的文件格式。它除了可以输出正常的图像通道和常见的 Alpha 通道外，还可以输出许多辅助的通道。凭借这些辅助的通道信息，在合成软件中，我们可以实现摄像机匹配、Z 通道特效（如景深、雾效）、元素分离、材质属性和贴图调整、阴影和反射模拟、运动模糊等高端功能。这样一方面可以大大地节省三维动画的工作量，让合成软件去完成一些渲染耗时的功能；另一方面更方便修改，在商业制作中大大地提高工作效率。

(14) SGI（.sgi）：Silicon Graphics 图片文件格式，每个通道的颜色位数为 8 位。此格式可以保存图像、遮罩通道、深度通道。

(15) SGI16（.sgi）：Silicon Graphics 图片文件格式，每个通道的颜色位数为 16 位。此格式可以保存图像、遮罩通道、深度通道。

(16) SoftImage（.pic）：SoftImage 图片文件格式。此格式可以保存图像、遮罩通道、深度通道。

(17) Sony Playstation（.tim）：索尼 PlayStation 游戏的位图图像使用的文件格式。

(18) Targa（.tga）：Targa 格式支持 32 位真彩色；即 24 位彩色和一个 alpha 通

道，广泛用于计算机图片渲染。

(19) Tiff（.tif）: TIFF 与 JPEG 和 PNG 都是流行的高位彩色图像格式。每通道的颜色位数为 8 位，包含 Alpha 通道。

(20) Tiff16（.tif）: 每通道的颜色位数为 16 位，包含 Alpha 通道。

(21) Windows Bitmap（.bmp）: Windows 位图图片文件格式，这种格式的特点是包含的图像信息较丰富，几乎不进行压缩，但占用磁盘空间较大。

(22) XPM（.xpm）: XPM（XPixMap）图形格式在 X11 中是一个标准格式，它把图形保存成 ASCII 文本。一个 XPM 的定义不仅仅是 ASCII 形式，它的格式还可以是 C 源代码形式的，可以直接将它编辑到自己的应用程序中去。

(23) OpenEXR（.exr）: exr 是一种开放标准的 HDR 高动态范围图像格式，在计算机图形学里被广泛用于存储图像数据，但也可以存储一些后期合成处理所需的数据。OpenEXR 最早由工业光魔开发，多级分辨率和任意数据通道存储使其非常适合用于合成，它能把 specular（镜面反射）、diffuse（漫反射）、阴影、Alpha 通道、RGB、法线和其他对后期合成有用的数据存储于一个文件里。如果对三维渲染出来的图像画面高光或漫射不满意，合成师可以根据导演要求在合成软件里对指定的通道进行调整。

如果需要生成能方便观看的效果图，建议使用 PNG 格式，Window 自带的图片浏览器就能打开，图片格式小、质量高，还能带 Alpha 通道。如果生成的图片要进行后期处理，建议使用 OpenEXR 格式。

笔记

第 62 问 Bump（凹凸）和 Displacement （置换）有什么区别？

如图 41 所示，Bump（凹凸）是假凹凸，它并没有使物体发生形变，只是让正对摄影机的面在视觉感知上存在起伏。Displacement（置换）是真凹凸，它通过置换会改变模型本身，但是渲染时间长，而且模型的细分数足够大才能显出细节。所以一般会把 bump（凹凸）和 displacement（置换）结合在一起使用，整体大的凹凸形变使用 displacement，在细节处使用 bump。

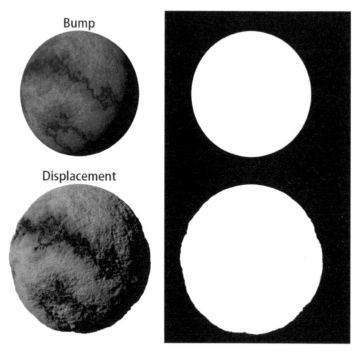

▲ 图 41 Bump 和 Displacement

第 63 问　如何叠加使用 Bump（凹凸）纹理？

当一个 bump（凹凸）效果需要由几个纹理叠加而成时，我们应该这样连接节点网络，如图 42 所示。

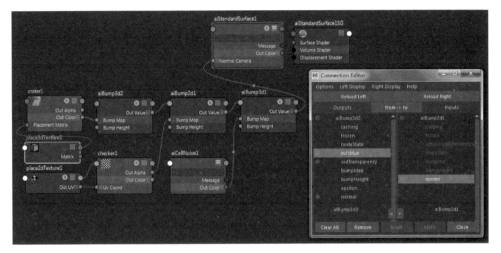

▲　图 42　叠加使用凹凸纹理

第一步，每一个纹理节点的"Out Color R"（输出颜色 R）属性都与一个 bump 节点的"Bump Map"（凹凸值）连接。2D Textures（2D 纹理，包括 File 文件节点）与 aiBump2d 连接，3D Textures（3D 纹理，包括 aiCellNoise）与 aiBump3d 连接，如果 2D 纹理连接 Bump3d，将不能正确显示凹凸效果。

第二步，依次将 Bump（凹凸）节点连接起来。点击 Windows（窗口）→General Editors（常规编辑器）→Connection Editor（连接编辑器），打开连接编辑器。选择第一个 Bump 节点，在 Connection Editor（连接编辑器）里点击"Reload Left"（重新加载左侧）；选择第二个 Bump 节点，在 Connection Editor 里点击"Reload Right"（重新加载右侧），同时把 Right Display（右侧显示）菜单里的"Show Hidden"（显示隐藏项）勾上，这样右边的列表里就会显示更多的属性。左边列表选择"outValue"（输出值），右边列表选择"normal"（法线），这样两个 Bump 节点就正确连接上了。

第三步，当所有的 Bump 节点都连接起来后，最后一个 Bump 节点的"outValue"

（输出值）属性连接着色器的"Normal Camera"（法线摄影机）属性。

提示：如果不使用 Arnold 的节点，而是使用 Maya 原生的 bump2d（凹凸 2D）和 bump3d（凹凸 3D）节点，连接的属性改为左边的"outNormal"（输出法线）连接右边的"Normal Camera"（法线摄影机），最后一个 Bump 节点的"outNormal"（输出法线）连接着色器的"Normal Camera"（法线摄影机）。而且 Maya 原生的 bump2d 和 bump3d 连接时，需要把 bump2d 节点属性里的"Provide 3d Info"（提供 3D 信息）勾选上，否则 2d 和 3d 不能兼容。

笔记

第 64 问　2D/3D Texture（程序纹理）和 File Texture（文件纹理）各有什么优缺点？

　　程序纹理由 Maya 程序计算生成，除了 File（文件）纹理和 Movie（电影）纹理以外的所有 2D 纹理和 3D 纹理都是程序纹理。优点是不受分辨率的限制，理论上来说可以无限放大而不会出现像素损失的现象。Maya 和 Arnold 里都预设了许多 2D、3D 程序纹理，例如：Ramp（渐变）、Noise（躁波）等都是常用的程序纹理，有很多参数可以调节出丰富的效果。缺点是程序纹理只适用于模拟一些基础的、重复的图案，对特殊的花纹则无能为力。

　　文件纹理是位图图像，将电脑里保存的图片文件作为贴图文件。优点是可以用绘制、拍摄等各种手段获得想要的花纹图案，而且纹理的过滤效果好、图像质量高。缺点是会受到分辨率的限制，放大使用会损失像素质量。

　　注意：

　　(1) 2D 纹理需要参考几何体的 UV 坐标系，而 3D 纹理忽略几何体的 UV 坐标系。简单地说就是展不展 UV 都不会影响 3D 纹理的使用效果，只会对 2D 纹理起作用。

　　(2) 在操作面板中实时显示物体使用的纹理时，3D 纹理并不会被正确显示，所以在调整纹理时不要以面板实时显示的图像做参考，而要看渲染出来的图片。

　　(3) 文件纹理连接的贴图文件应该统一放置于项目文件夹的 "sourceimages"（源图像）子文件夹中，当换一台电脑工作时可以方便地搜索到贴图路径。千万不要让贴图文件散布在电脑的各个角落，这样很容易丢失贴图信息。

笔记

第 65 问　在 Arnold 中，灯光的强度由哪些参数决定？

在 Arnold 中，灯光的总强度＝颜色×强度×$2^{曝光}$，通过修改强度或曝光，可以获得相同的输出。例如：强度＝1、曝光＝4 与强度＝16、曝光＝0 相同（**注意**：$2^0＝1$，而不是 0）。

$$1 \times 1 \times 2^4 = 16$$
$$1 \times 16 \times 2^0 = 16$$

调整曝光数值可以显著地改变灯光强度。如果不习惯于在灯光中使用曝光，只需将曝光参数保留为其默认值 0 即可，这时公式简化为：灯光的总强度＝颜色×强度。

笔记

第 66 问　如何渲染出边缘虚化的阴影？

默认的情况下，灯光渲染出的影子都是非常"实体"的，阴影边缘清晰锐利，颜色呈不透明的黑色，如图 43(a)所示。这样的阴影效果在现实世界中比较少见，类似用一个完全不发散的强光源在近处照射。现实世界中的光线受到空气反射、折射等的影响，产生的阴影边缘多多少少都有发散的现象，会虚化、变淡，这种效果是需要手动设置参数的。

（1）Directional Light（平行光）：调 Arnold 模块里的"Angle"（角度）参数，为 0 是不虚化，大于 0 虚化。

（2）Point Light（点光源）：调 Arnold 模块里的"Radius"（半径）参数，为 0 是不虚化，大于 0 虚化。

（3）Spot Light（聚光灯）：调 Arnold 模块里的"Radius"（半径）参数，为 0 是不虚化，大于 0 虚化。

（4）Area Light（面积光）：调 Arnold 模块里的"Spread"（展开）参数，为 0 是不虚化，大于 0 虚化。

注意：阴影的边缘虚化后会出现明显的噪点，可以调高灯光的 Samples（采样）值降噪，如图 43（b）（c）所示。

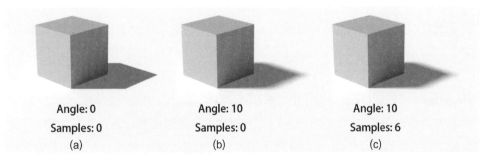

▲　图 43　阴影渲染

第 67 问　Arnold 的 Light Filters（灯光过滤器）怎么使用？

灯光过滤器可以轻松地为光源添加附加效果：

Gobo 过滤器将光束分成更自然的不规则图案；

Barndoor（挡光板）过滤器是连接到灯光开口侧面的不透明可移动面板，用于对光束形状进行进一步的控制；

Light Blocker（挡光对象）过滤器将阻挡已连接灯光中以几何方式定义的任意区域；

Light Decay（灯光衰退）过滤器指定灯光开始和结束位置的衰减范围。

表 5　不同光源对应的灯光过滤器

光源种类	能使用的灯光过滤器
directionalLight 平行光	Light Blocker
pointLight 点光源	Light Blocker、Light Decay
spotLight 聚光灯	Gobo、Barndoor、Light Blocker、Light Decay
areaLight 面积光	Light Blocker、Light Decay

聚光灯关联了最多的灯光过滤器，我们就以聚光灯为例来讲解灯光过滤器的用法。

创建一盏聚光灯，在它的 shape（形状）节点的属性里点开 Arnold 属性区，在 Light Filters（灯光过滤器）里点击 "Add"（增加），弹出该灯光关联的灯光滤镜列表。

（1）选择 Gobo，在 Light Filters（灯光过滤器）里增添了一条 aiGobo 选项。双击 aiGobo，进入它的属性页面。Gobo 的作用类似于灯光贴图，模拟灯光穿过物体照射的效果，任何纹理贴图或程序着色器都可以通过灯光投影。如果要模拟灯光透过水体的效果，可以把水波纹贴图文件连接到 aiGobo 的 Slide Map（滑动贴图）上，使用的贴图文件不需要有 Alpha 通道，也不一定要是黑白色的。Filter Mode（过滤器模式）默认情况处于 Blend（混合）模式，也可以根据需要选择 Replace（替换）、Add（相加）、Sub（相减）或 Mix（融合）等其他模式。

（2）选择 Barndoor（挡光板），在 Light Filters 里增添了一条 aiBarndoor 选项。双击 aiBarndoor，进入它的属性页面。此挡光板过滤器引入了四个挡光板翻板。每个挡光板翻板有三个参数：前两个参数控制翻板两端在灯光面的位置，第三个参数 Edge（边）控制边的柔和度。

（3）选择 Light Blocker（挡光对象），在 Light Filters 里增添了一条 aiLightBlocker 选项。双击 aiLightBlocker，进入它的属性页面。该过滤器用来以人工方式遮罩场景中的灯光，而不会产生添加额外几何体所需的开销。在 Geometry Type（几何体类型）中指定长方体、球体、圆柱体或平面等基本体，将 Density（密度）调大，光线在经过这些几何体时会被遮挡（如果将大气效果打开则可明显观察到几何体内没有灯光穿过，就像一个结界）。这些几何体可以像正常几何体那样调整大小和位置，但只以线框显示。

（4）选择 Light Decay（灯光衰退），在 Light Filters 里增添了一条 aiLightDecay 选项。双击 aiLightDecay，进入它的属性页面。该过滤器可以指定灯光的衰减范围。默认情况下，Arnold 中的所有灯光都使用基于物理的衰减，但 Light Decay 过滤器可出于美观目的调整衰减。"Near Attenuation"（近距衰减）可用于设置灯光强度"淡入"的距离。从光源到"Near Start"（近距开始），灯光亮度为 0。随后，灯光亮度会逐渐增强，直至达到"Near End"（近距结束），灯光亮度变成原来设定的亮度值。"Far Attenuation"（远距衰减）值可用于设置灯光"淡出"的距离。从"Far Start"（远距开始）到"Far End"（远距结束），灯光强度通过平滑的渐变不断减弱。

笔记

第 68 问　如何用 Color Temperature（色温）来调节灯光的颜色？

　　色温是表示光线中包含颜色成分的一个计量单位。从理论上说，黑体温度指绝对黑体从绝对零度（-273℃）开始加温后所呈现的颜色。黑体在受热后，逐渐由黑变红、转黄、发白，最后发出蓝色光。当加热到一定的温度，黑体发出的光所含的光谱成分就称为这一温度下的色温，计量单位为 K（开尔文）。使用这种方法标定的色温与普通大众所认为的"暖"和"冷"正好相反，例如：通常人们会感觉红色、橙色和黄色较暖，白色和蓝色较冷，而实际上红色的色温最低，然后逐步增加的是橙色、黄色、白色和蓝色，蓝色是最高的色温。值大于 6 500 K 的颜色为冷色，而小于 6 500 K 的颜色为暖色。

　　自然界光照对应的色温值如表 6 所示。

表 6　自然界光照的色温值

色温值	模拟自然界光照
1 000 K	烛光
2 000 K	钨丝灯泡
3 000 K	泛光灯
4 000 K	和煦的阳光
5 000 K	闪光灯
5 500 K	正午的阳光
6 000 K	晴朗天空的阳光
7 000 K	多云天空
8 000 K	朦胧天色
9 000 K	蓝天阴影下
10 000 K	晴朗蓝天
20 000 K	在水域上空的晴朗蓝天

图 44 展示了不同色温值对环境的影响。

1 000K	2 000K	3 000K	4 000K	5 000K	5 500K	6 000K
6 500K	7 000K	7 500K	8 000K	9 000K	10 000K	20 000K

▲　图 44　色温对环境的影响

注意： Use Color Temperature（使用色温）被勾选以后，将覆盖灯光的 Color（颜色）参数包括指定给 Color（颜色）属性的任何纹理。

笔记

第 69 问　Sky Shader（天空着色器）和 Skydome Light（天穹灯光）有什么区别？

（1）创建途径不同。天空着色器是在 Render Settings（渲染设置）→Arnold Renderer（阿诺德渲染器）→Environment（环境）→Background（Legacy）[背景（旧版）]中选择"Create Sky Shader"（创建天空着色器）来创建；而天穹灯光是在 Arnold →Light（灯光）→Skydome Light（天穹灯光）中创建。

（2）节点类型不同。天空着色器在 Outliner（大纲列表）中显示为一个 transform（变换）节点，在该节点的属性选项卡中，aiSky 选项卡可以改变天空着色器的参数。将图片连接到 Sky Attributes（天空属性）的 Color（颜色）上，调整 Intensity（强度），可以在渲染中看到天空球的贴图效果。天穹灯光在 Outliner（大纲列表）中显示为一个灯光节点 aiSkyDomeLight，它的属性与其他灯光节点的属性非常相似，天空贴图可以连接到 SkyDomeLight Attributes（天穹灯光属性）的 Color（颜色）上。

（3）渲染效果有差别。在直接光照部分，天空着色器和天穹灯光的渲染效果几乎没差别；在间接光照部分，天空着色器更容易产生噪波，天穹灯光噪波明显少于天空着色器，而且对场景的间接光照影响更大，渲染时间更短。

所以在 Arnold 渲染中推荐使用 Skydome Light（天穹灯光）来模拟周围环境。

图 45 是在相同参数设置下分别对同一个场景使用天空着色器和天穹灯光渲染后的结果，可以看到第二张图像噪点更少，间接光照更柔和。

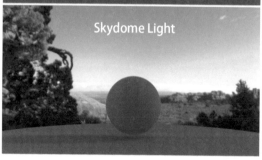

▲　图 45　Sky Shader 和 Skydome Light

三维建模与渲染 Arnold 渲染   **107**

第 70 问　什么是 HDRI 贴图？

涉及环境贴图和照明问题时常谈到的 HDR 到底是什么呢？HDR，是 High-Dynamic Range（高动态范围）的缩写。HDRI 是 High-Dynamic Range Image（高动态范围图像）的缩写。

普通的图形文件每个像素只有 0～255 的灰度范围，这实际上是不够的。想象一下太阳的亮度和一个黑色物体的亮度等级的差别，远远超过了 256 个级别。因此，一盏白炽灯和白墙在 JPG 格式的图片中可能都呈现出相同的白色，但实际上白炽灯和白墙之间实际的亮度不可能一样，他们之间的亮度差别是巨大的。因此，普通的图形文件格式是很不精确的，远远没有记录到现实世界的亮度信息。

HDRI 拥有比普通 RGB 格式图像（仅 8bit 的亮度范围）更大的亮度范围。标准的 RGB 图像最大亮度值是 255/255/255，如果用这样的图像结合光能传递照明一个场景的话，即使是最亮的白色也不足以提供足够的照明来模拟真实世界中的情况，渲染结果看上去会平淡而缺乏对比，原因是这种图像文件将现实中的大范围的照明信息仅用一个 8bit 的 RGB 图像描述。但是使用 HDRI 的话，相当于将太阳光的亮度值（如6 000%）加到光能传递计算以及反射的渲染中，得到的渲染结果也是非常真实和漂亮的。

有很多 HDRI 文件是以全景图的形式提供的，也可以用它做环境背景来产生反射与折射。这里强调一下 HDRI 与全景图有本质的区别，全景图指的是包含了 360°范围场景的普通图像，可以是 JPG 格式、BMP 格式、TGA 格式等，属于 Low-Dynamic Range Radiance Image（低动态范围图像），它并不带有光照信息。HDRI 文件是一种文件，扩展名是 hdr 或 exr 等格式，有足够的能力保存光照信息，但不一定是全景图。Dynamic Range（动态范围）是指一个场景的最亮和最暗部分之间的相对比值。一张 HDR 图片，它记录了远远超出 256 个级别的实际场景的亮度值，超出的部分在屏幕上是显示不出来的。

图 46 展示了用全景 HDRI 贴图与普通贴图在渲染效果上的区别。

一张JPG格式的全景图片

使用HDR格式的图片作为aiSkyDomeLight的color贴图

使用JPG格式的图片作为aiSkyDomeLight的color贴图

▲ 图 46 全景 HDR

第 71 问　如何给场景添加大气效果？

真实世界的场景都沉浸在大气之中，大气会对光线产生反射和折射，尤其是早晨和傍晚太阳入射角较小的时候，场景中会形成一种"空气感"。

在 Render Settings（渲染设置）窗口依次点击 Arnold Renderer（阿诺德渲染器）→ Environment（环境）→ Atmosphere（大气）→ Create aiAtmosphereVolume（创建 ai 大气体积），把节点中的 Density（密度）参数调成非零的数值。如果场景里已经设置了灯光，则渲染可见大气效果。

我们也可以在 Render Settings（渲染设置）窗口点击 Arnold Renderer（阿诺德渲染器）→ Environment（环境）→ Atmosphere（大气）→ Create aiFog（创建 ai 雾）来创建环境雾，同样也能模拟大气效果。

值得一提的是，模拟室内的大气效果，最好用聚光灯 + aiAtmosphereVolume（ai 大气体积），因为聚光灯照射出的雾效可控性强。可以创建一盏聚光灯，让它只产生体积效果，不照亮场景。方法是将 Shape（形状）节点属性中的 Visibility（可见性）→ Volume（体积）值调为 1，Diffuse（漫反射）、Specular（镜面反射）、SSS（次表面散射）、Indirect（间接）值调成 0。同时场景中的其他灯光将 Volume（体积）改成 0。

各种类型的光源在 Arnold 中能否产生大气效果，如表 7 所示。

表 7　各种类型的灯光能否产生大气效果

灯光类型	在 Arnold 中是否能对大气产生效果
directionalLight（平行光）	否
pointLight（点光源）	是
spotLight（聚光灯）	是
areaLight（面积光）	是
SkydomeLight（天穹光）	否
MeshLight（几何体灯光）	是
PhysicalSky（物理天光）	否

第 72 问　如何直接在 3D 对象上绘制图案（3D Paint)？

首先要给 3D 对象整理好 UV，UV 不能重叠，推荐使用"Automatic Mapping（自动映射）"创建 UV。然后给该对象指定一个着色器，注意不能使用 Arnold 的着色器。选中该对象，在【Rendering】（渲染）模块里点击 Texturing（纹理）→3D Paint Tool（3D 绘制工具）□，点击"□"打开 Tool Settings（工具设置）。

在 File Textures（文件纹理）区域先选择 Attribute to paint（要绘制的属性），选项有 Ambient（环境光）、BumpMap（凹凸贴图）、Color（颜色）、Diffuse（漫反射）、Displacement（置换）、Incandescence（白炽度）、Translucence（半透明）、Transparency（透明度）。常用的绘制属性是 color（颜色）、transparency（透明度）、BumpMap（凹凸贴图）等。

在模型上绘制时，实际上是在指定给该模型的文件纹理上绘制。点击 Assign/Edit Textures（指定/编辑纹理），在弹出的窗口里设置 Texture（纹理）的尺寸大小，像素点越多纹理越细腻。默认像素长宽一致，是正方形的图案。选择保存图片的格式，最后点击"Assign/Edit Textures"按钮，就可以开始在对象上绘制了。

Tool Settings（工具设置）里的"Flood"（整体应用）区域，可定义对全部或部分网格整体应用设定的颜色。按着【B】键可以调节笔刷大小。在"Stroke"（笔划）区域，可激活"Reflection"（反射）来达到沿某个轴镜像绘制的目的。

绘制结束的时候可以点击"Save Textures"（保存纹理）按钮，Maya 会把绘制出的贴图文件保存到当前项目文件夹的"Sourceimages/3dPaintTextures"里。也可以在反馈区看到保存的路径信息。

直接在 3D 对象上用鼠标绘制图案是很困难的，推荐先在物体上粗绘颜色、定位图案，再转到 Photoshop 里精细绘制，如图 47 所示。

▲　图 47　3D Paint

笔记

第 73 问　能在 Maya 中直接修改 File Texture（文件纹理）的颜色吗？

　　有时候我们在使用文件贴图时发现图片颜色需要调整，如果到其他图片处理软件中去修改再导回 Maya 使用，可能需要来来回回修改很多次才能得到想要的颜色，这样修改颜色不直观、效率低。其实我们可以在 Maya 的渲染节点网络中引入 Arnold 的 aiColorCorrect（ai 颜色校正）节点或 Maya 原生的 Color Correct（颜色修正）节点，这两个节点能调整图像的 Gamma、Hue Shift（色调）、Saturation（饱和度）、Contrast（对比度）和 Exposure（曝光度）等值。

　　在 Hypershader 窗口中，在 Create（创建）区域里搜索关键词 "color"（颜色），就能很快在"Maya"和"Arnold"里找到"Color Correct"（颜色修正）和"aiColorCorrect"（ai 颜色校正）节点。如果使用 Arnold 渲染的话，推荐使用 aiColorCorrect 节点。将 File（文件）节点的"Out Color"（输出颜色）连接到 aiColorCorrect 节点的"Input"（输入），再将 aiColorCorrect 的"Out Color"（输出颜色）连接到着色器，通过调整 aiColorCorrect 里的各种参数值就可以改变文件贴图的颜色了。

笔记

第 74 问　如何赋予物体随机的颜色？

有的时候我们在给多个物体赋色时会希望这些物体的颜色能有变化，如书架上的书、池子里的海洋球等。如果每个物体都要重新指定颜色，工作量会非常大，也会产生很多渲染节点。

使用 Arnold 的 aiUtility（ai 工具着色器）可以方便地实现随机赋色。如图 48 所示，创建一个 aiUtility（ai 工具着色器），将 aiUtility 的 "Out color"（输出颜色）属性连到其他着色器的某个 Color（颜色）属性上，把原来连接的着色组 SG 节点删除。将 aiUtility 的 "Color Mode"（颜色模式）选为 "Object ID"（对象 ID），这会使不同 ID 的对象有不同的颜色。

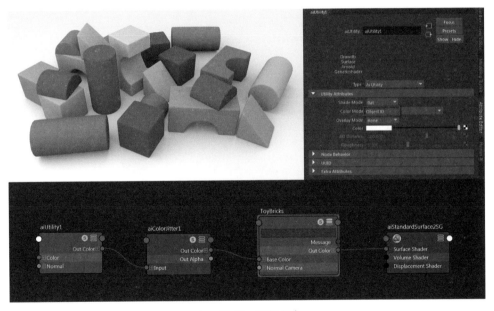

▲　图 48　随机颜色

默认的情况下，系统会给每个物体生成不相同的 ID。我们也可以给物体指定 ID，方法是选中物体，在属性编辑器中查看形状节点 Shape 选项卡，在 Arnold "Export"（导出）区域找到 "User Options"（用户选项），在输入框中输入 "id 1"（或其他数字）。输入相同 ID 号的物体将会自动赋予相同的颜色。

　　提醒： aiUtility 虽然可以按 ID 来赋予物体不同的颜色，但是不能指定颜色的色值。可以添加 aiColorCorrect（ai 颜色校正）节点来整体调节颜色值，还可以借助 aiColorJitter（ai 颜色抖动）节点来使随机颜色更富于变化。

笔记

第 75 问　aiStandardSurface（标准曲面着色器）里的 coat（涂层）为什么不能显示白色图案？

在 aiStandardSurface（标准曲面着色器）里的 coat（涂层）区域的 color（颜色）属性里，颜色同时与透明度有关联，白色（1，1，1）代表透明度为 1，黑色（0，0，0）代表透明度为 0，其他颜色值关联的透明度介于 0 和 1 之间，如图 49 所示。

coat: 白色完全透明，黑色完全不透明，其他颜色半透明

▲　图 49　coat

笔记

第 76 问　aiFacing Ratio（正面比）节点的工作原理是什么？

在 Hypershader（材质编辑器）窗口中，在 Create（创建）区域里搜索关键词 "facing"，就能在 "Arnold" 里找到 "aiFacing Ratio"（正面比）节点。

Facing Ratio（正面比）是一个 0～1 之间的数，它表明采样区在摄影机平面上投影的大小与它自身尺寸的比率，用公式表示：正面比 = 投影面积/实际面积，其结果取决于视线方向与表面法线的夹角。当二者的夹角为 90°时（如处于轮廓边缘的面），正面比为 0，将从 Ramp（渐变）色条的最左边取色；当二者平行时（如正对摄影机的面），正面比为 1，将从 Ramp（渐变）色条的最右边取色。

如图 50 所示，aiFacingRatio 节点与 ramp 渐变纹理相连，如果 ramp 纹理当前的

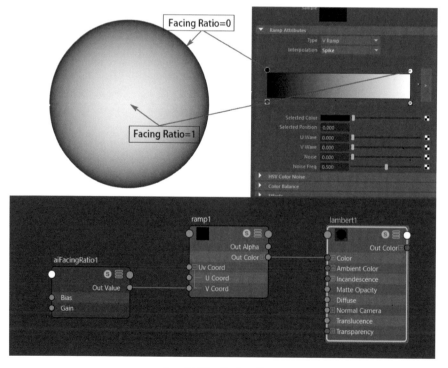

▲　图 50　Facing Ratio

Type（类型）选择为 V Ramp（V 向渐变），则 aiFacingRatio 的 Out Value（输出值）与 ramp 纹理的 V Coord（V 坐标）属性值连接；如果 ramp 纹理当前的 Type（类型）选择为 U Ramp（U 向渐变），则 aiFacingRatio 的 Out Value（输出值）与 ramp 纹理的 U Coord（U 坐标）属性值连接。

　　Ramp 节点被创建时会自带一个 place2dTexture（2D 纹理放置）节点，这个节点决定了 Ramp 的颜色如何排布到物体上。当 aiFacing Ratio 与 Ramp 连接时，我们希望 Ramp 的放置信息由 aiFacing Ratio 接管，一定要记得把 place2dTexture（2D 纹理放置）删除。

　　Ramp 纹理连接到一个材质球上，材质球被赋予一个球体，在渲染球体时，渲染引擎会去计算该球体各个面相对于摄影机的正面比。球体边缘的正面比为 0，从渐变纹理左边的黑色取值，球体正中的正面比为 1，从渐变纹理右边的白色取值。

笔记

第 77 问 在 Arnold 中如何渲染二维卡通效果？

方法一：使用"aiFacing Ratio"（正面比）节点

将 aiFacingRatio 节点的"Out Value"（输出值）属性与 Ramp（渐变）节点的"U coord"（U 坐标）或"V coord"（V 坐标）属性连接［取决于 Ramp（渐变）节点的 Type（类型）选项：如果是 U Ramp（U 向渐变）就连 U coord（U 坐标），如果是 V Ramp（V 向渐变）就连 V coord（V 坐标）］。然后将 Ramp 节点的"Out Color"（输出颜色）与着色器的颜色属性连接，通过调节 Ramp 节点的渐变色来设置二维卡通材质的颜色。

色块之间的过渡方式取决于 Ramp 节点的"Interpolation"（插值）选项，如图 51 所示。

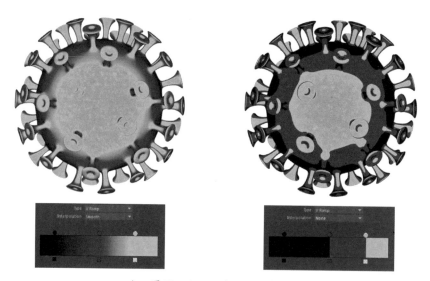

▲ 图 51 Ramp 的不同插值方式

方法二：使用"aiToon（卡通）"着色器

给物体赋予 aiToon（卡通）着色器以后，直接渲染会看不到任何效果，还需要在 Render Settings（渲染设置）→Arnold Renderer（阿诺德渲染器）选项卡→Filter（过滤器）区域，把 Type（类型）改为"contour"（外形），加上灯光后就可以渲染出勾线的效果。如果不想在场景里加入灯光，也可以给 aiToon 着色器的 "Emission"（自发光）的 "Weight"（权重）值调为非 0 的数值，这样就可以渲染出没有明暗变化的单线平涂效果。

在默认的参数下渲染出的物体边线有很多细节没有体现出来，需要将 aiToon 的 "Edge Detection"（边线探测）区域的 "Angle Threshold"（角度阈值）进行调整。如图 52 所示：值为 0，物体每个面的法线方向发生变化时就会渲染出边线，所以边线特别多；值为 180，面的法线方向发生很大改变时才会渲染出边线，所以边线很少。Angle Threshold（角度阈值）要视场景具体情况来调节数值。"Width Scaling"（宽度缩放）可以调节边线的宽度。

将 "Silhouette"（轮廓）激活（Enable 打勾），则可在模型的轮廓上加上一条额外的勾线。这条勾线非常均匀，如果想要手绘线条那样的变化感，可在 "Width Scale"（宽度缩放）上连接一个 noise（躁波）纹理。

给 aiToon 着色器的 Base（基础）区域的 Color（颜色）连接纹理节点，可做出各种纹理效果。"Tonemap"（色调贴图）连接一个 ramp（渐变）纹理，可调节模型亮部和暗部的色调。Ramp 节点的 "Interpolation"（插值）选项可定义明暗交接处的过渡效果是生硬的还是柔和的。

提示：最终渲染时要提高摄影机（AA）的采样数，这样渲染出的动画序列帧才不会出现线条闪烁的问题。

Angle Threshold:180

Angle Threshold:0

Angle Threshold:20

▲　图 52　aiToon 着色器

笔记

第 78 问　如何使用 OSL 着色器？

OSL 的全称是 Open Shading Language（开放式着色语言），它是 Arnold 里的一个特殊的工具类着色器。图 53 是使用了 OSL 着色器后的渲染效果。

Candy.osl　　　　　　Halftone.osl　　　　　　checker.osl

▲　图 53　OSL 着色器

在 Arnold 的帮助文档中，arnold for maya 用户手册→教程→着色→卡通教程→"将半色调 OSL 着色器与卡通着色器结合使用"章节中，可以下载一个压缩文件包"3dsMax－OSL－Shaders－master. zip"，该文件包里包含了很多".osl"格式的文件，这些文件可以直接载入到 Maya 中使用。

在 Hypershade（材质编辑器）里创建一个 aiOslShader（OSL 着色器）和一个 aiToon（卡通）着色器，将 aiOslShader（OSL 着色器）的"Out Value"（输出值）与 aiToon（卡通）的"Base Color"（基础色）连接。将 aiToon 着色器赋予场景中的物体。

在 aiOslShader（OSL 着色器）的属性编辑器里点击"Import"（导入），选择"3dsMax－OSL－Shaders－master. zip"中的任意一个 osl 格式的文件，点击"load"（载入），将文件代码载入到"OSL Code"（OSL 代码）里。点击"Compile OSL Code"（编译 OSL 代码），将代码转换成"OSL Attributes"（OSL 属性），通过调整这些属性值就可以调节 OSL 纹理的外观。

注意：每次 Import（导入）进来一个新的 osl 代码文件，都要点击"Compile OSL Code"去重新编译，然后关闭"Arnold Render View"(阿诺德渲染视图)，再重新打开，这样才能渲染出新的 OSL 纹理效果。

笔记

第 79 问　如何制作多层材质效果？

当我们制作的物体表面有灰尘、锈迹、油漆等附着物时，需要用两种或两种以上的 Shader（着色器）去模拟不同的材质效果，但是一个 ShadingGroup（着色组）只能连接一个 Shader（着色器），所以我们应该把几种 Shader（着色器）先连接到一个 LayeredShader（分层着色器）或 aiMixShader（混合着色器），再把分层着色器或混合着色器连接到着色组。

LayeredShader（分层着色器）的属性编辑器中有一个带了绿色样例的区域 "Layered Shader Attributes"（分层着色器属性），所有要使用的 Shader 着色器用鼠标中键按顺序拖入这个区域（默认的绿色层可以删除），使用鼠标中键还可以调整各个层的顺序。最左边的着色器处于分层材质的最上层，最右边的着色器处于最底层。要使分层材质能够一层层被看到，除了底层着色器以外的其他着色器都必须有透明通道。

aiMixShader（混合着色器）一次只能连接两个 Shader 着色器，对大多数物体来说，两种不同的材质已经能满足需要了。它根据 Mix Weight（混合权重）属性，返回 shader1（着色器 1）和 shader2（着色器 2）的线性插值。当 Mix Weight（混合权重）值为 0 时，将输出 shader1（着色器 1）；值为 1 时，将输出 shader2（着色器 2）；值为 0.5 时，将在 shader1 和 shader2 之间均匀地混合。如果我们要在物体的某些部分完全显示 shader1，其余部分完全显示 shader2，就需要给 Mix Weight（混合权重）连接一张带 Alpha 通道的贴图，由 Alpha 值（黑色值为 0、白色值为 1）来控制两种着色器的显示。

如图 54 所示，用 aiMixShader 连接了两层纹理制作印花积木效果。

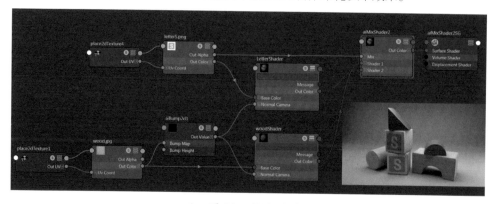

▲　图 54　aiMixShader

第 80 问　为什么 Transmission（透射）权重值
　　　　为 1 时物体还是渲染不出透明效果？

　　Arnold 的 aiStandardSurface（标准曲面着色器）的 Transmission（透射）属性的 Weight（权重）值为 1 时，光线能够完全穿透物体，这时物体应该呈现透明的状态。如果渲染不出透明效果，应该检查 Ray Depth（光线深度）数值是不是太小。

　　打开 Render Settings（渲染设置），查看 Arnold Renderer（阿诺德渲染）选项卡里的 Ray Depth（光线深度）区域的数值。光线需要经过 4 次空气—玻璃或玻璃—空气的折射才能让我们看到空璃杯后面的物体，所以 Ray Depth（光线深度）里的 Transmission（透射）值至少要达到 4 才能渲染出完全透明的效果。如果杯中有液体，数值至少要达到 6。如图 55 所示，Ray Depth（光线深度）里的 Transmission（透射）值分别为 0、1、2、3、4 时渲染一个空杯子的效果。

▲　图 55　Ray Depth

　　注意： Total（总数）值一定要大于其他几个数值。

笔记

第 81 问　为什么透明物体的影子不透明？

现实世界中的透明物体被光线穿透后会形成很淡的影子。如果用 Arnold 渲染器渲染透明物体时出现浓重的阴影，可能是物体属性中的 Opaque（不透明）参数没有正确设置。

选中透明物体模型，【Ctrl】+【A】打开物体的属性编辑器，在 Shape（形状）节点的选项卡里找到 Arnold 区域，将 Opaque（不透明）前面的勾去掉，这样才能正确渲染透明物体，如图 56 所示。

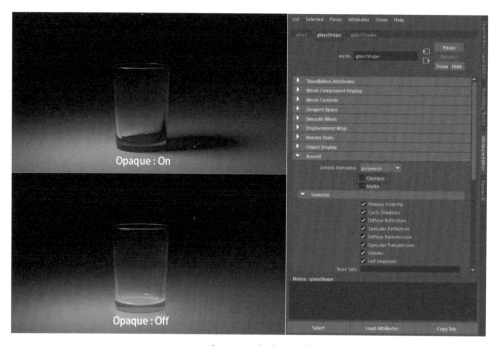

▲　图 56　渲染透明阴影

笔记

第 82 问　为什么透明物体内部的物体渲染出来呈现黑色？

　　若 Transmission（透射）的 Color（颜色）值采用完全饱和的颜色，如蓝色（R：0，G：1，B：1），意味着允许所有绿色和蓝色的光线透过，而不允许红色光线透过。如果内部正好有一个红色的物体（R：1，G：0，B：0），则红色完全无法穿透出来，就会呈现黑色。

　　解决方法是 Transmission（透射）的 Color（颜色）不要用完全饱和的颜色，也就是 R、G、B 三个值都不为 0，如图 57 所示。

▲　图 57　Transmission Color

　　提示：透明玻璃杯中的液体模型外壁不要与玻璃杯内壁正好贴合，而应该放大一点点，穿透玻璃杯内壁，这样渲染出来的效果才与真实场景相符。

第 83 问　渲染半透明磨砂效果应该调整哪些参数？

　　在 aiStandardSurface（标准曲面着色器）中有两个 Roughness（粗糙度）参数，一个位于 Specular（镜面反射）区域，一个位于 Transmission（透射）区域。分别给这两个参数相同的数值，渲染出的磨砂效果如图 58 所示，Specular（镜面反射）的 Roughness（粗糙度）控制的粗糙效果表现于物体的外表面，物体表面显得不光滑；Transmission（透射）的 Extra Roughness（额外粗糙度）控制的粗糙效果是表现于物体的透射内部，外表面还是光滑的，内部显得浑浊粗糙。可以根据不同的需求选择相应的参数进行调节。

Specular>Roughness : 0.5　　　　Transmission>Extra Roughness : 0.5

▲　图 58　磨砂效果

笔记

第 84 问   如何用 Arnold 渲染器渲染透明物体的 Caustics（焦散）效果？

Arnold 使用简单的单向路径跟踪。光线从摄影机处（而非灯光处）开始。Arnold 不使用双向路径跟踪（也不使用其他任何双向技术，如从灯光发射光线的光子贴图技术），所以无法用灯光模拟透明物体的焦散效果。

我们可以不使用灯光，而是创建一个多边形网格，为其指定一个自发光着色器，然后让 GI 引擎"找到"该发光物，这样便会得到焦散。但是，这种方法的效率极低，因为小的自发光物体往往难以射中，需要大量光线或一个非常大的自发光物体才能让噪波变得可以接受。最终我们可以实现大型自发光物体产生的"软"焦散。

首先，我们要把透明物体着色器属性编辑器里的 Advanced（高级）→ Caustics（焦散）勾上。然后，创建一个平面，赋予标准曲面着色器。之后，将着色器的 Emission（自发光）属性的权重值调得很大，Base（基础）和 Specular（镜面反射）都为 0。最后，在自发光平面的 Shape（形状）节点属性选项卡中，点开 Arnold 区域，把"Primary Visibility"（主可见性）、"Casts Shadows"（投射阴影）、"Diffuse Reflection"（漫反射反射）、"Specular Reflection"（镜面反射反射）、"Volume"（体积）、"Self Shadows"（自身阴影）等属性的 Visibility（可见性）关闭，只留下"Diffuse Transmission"（漫反射透射）和"Specular Transmission"（镜面反射透射）两个属性可见，这样可以减少渲染时间，减少噪波。

自发光物体会产生非常明显的噪波，需要提高 Diffuse（漫反射）采样率降噪。

图 59 展示了焦散参数关闭、开启、在场景中加上自发光照明后的渲染比较。

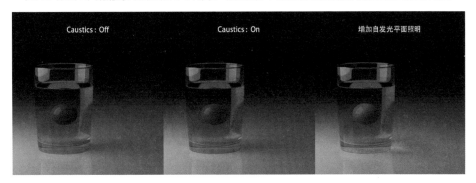

▲ 图 59   用自发光照明模拟焦散效果

第 85 问　如何用 aiStandardSurface（标准曲面着色器）模拟牛奶材质？

牛奶是白色的液体，Base（基础）的 Weight（权重）调至 1，Base（基础）的 Color（颜色）调为白色。

牛奶表面非常光滑，Specular（镜面反射）的 Weight（权重）值为 1，Color（颜色）为白色，Roughness（粗糙度）给一个很小的数值。IOR 折射率的隐藏选项选择 "Water"（水），数值为 1.33。

牛奶是不透明物体，将 Transmission（透射）的权重 Weight 调至 0。

接下来是最重要的 SSS（次表面散射）参数的调整：由于光线能在牛奶内部发生散射现象，所以我们要使用 Subsurface（次表面）属性来模拟。将 Subsurface（次表面）的 Weight（权重）调至 1，SubSurface Color（次表面颜色）的隐藏选项选择 "Skim Milk"（脱脂牛奶）或 "Whole Milk"（全脂牛奶），则 SubSurface Color（次表面颜色）和 Radius（半径）的数值都会自动做相应的改变。Radius（半径）是指光线在曲面之下可以散射的大概距离，值越大越透光。

Scale（比例）控制光线在再度反射出曲面前在曲面下可能传播的距离，它能扩大 Radius（半径）值，值越大越通透。

Type（类型）推荐选择 "randomwalk"（随机行走），在大多数情况下这种类型渲染出的效果更好。但如果要做几个 SSS 曲面融合的效果，则不能选 "randomwalk"。

Anisotropy（各向异性）系数介于 -1（完全背向散射）～1（完全正向散射）。默认值 0 表示各向同性散射介质，在这种情况下，灯光在所有方向均匀散射。如果光源处于牛奶背面，建议该参数取负值。

注意：只有在 Type（类型）选择 "randomwalk"（随机行走）的时候 "Anisotropy"（各向异性）才是激活状态。节点参数调整如图 60 所示。

渲染时 SSS 部分会出现很多的噪波，需要把 Render Settings（渲染设置）窗口里的 SSS 采样数提高。

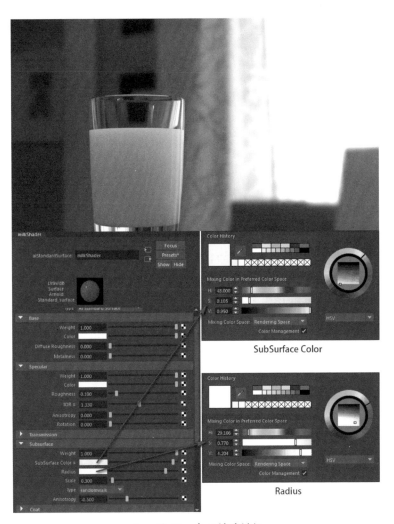

▲ 图 60　牛奶材质模拟

笔记

第 86 问　如何渲染几个 SSS 物体融合到一起的效果？

当几个 SSS 物体有穿插时，光线会在物体边界形成暗影，不能在这些物体内部进行统一的均匀散射。如图 61 所示，所有物体都应用了同一个 SSS 材质，但是不能正确渲染次表面散射的效果。

解决方法是将这些 SSS 物体都选中，依次点击主菜单的 Create（创建）→Sets（集）→Set（集），把这些物体全部添加到一个 set 集里。选择该 set，在属性编辑器中打开 Arnold 区域，点击 "Add"（添加）按钮，在弹出的 "Add Override Attribute"（添加覆盖属性）列表里找到 "aiSssSetname"（sss 集名称），点击 "Add" 添加该属性，这样就可以在 "Extra Attributes"（额外属性）区域看到 Ai Sss Setname 参数。在输入框里输入 set 集的英文字符名称（自拟），关闭 Arnold 渲染窗口再重新打开，就可以正确渲染融合在一起的 SSS 物体集了。

No Set / No Setname

Ai Sss Setname : sss

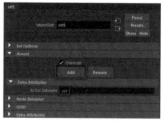

▲　图 61　sss 融合

笔记

第 87 问　当物体没有厚度时，SSS 效果为什么渲染不出来？

当渲染没有厚度（单面对象）或非常薄的物体时，如肥皂泡、树叶、纸张等物体，如果按照惯常的 SSS 参数设置，渲染出来的物体并不能呈现透光的效果，这时需要把着色器的"Thin Walled"（薄壁）激活。在渲染较薄的对象时，Thin Walled（薄壁）可以提供从背后照亮半透明对象的效果，但是对于具有厚度的对象可能无法正确渲染。

操作方法是选中该对象对应的 aiStandardSurface（标准曲面着色器），在属性编辑器里打开 Geometry（几何体）区域，将"Thin Walled"（薄壁）勾上。

笔记

第 88 问　　如何模拟水下光照效果？

如图 62 所示，阳光透过水面，在水下形成闪烁的光斑和光雾，因此模拟水下光照效果时，主要有两部分需要**注意**：一是水底的焦散效果；二是水体上层的光柱。

▲　图 62　水下光照效果

水纹焦散效果的制作思路是用聚光灯加灯光贴图，制作步骤如下。

（1）创建一盏聚光灯，从一定高度上向下照射场景。在属性编辑器中调大灯光的亮度和曝光度数值。"Roundness"（圆）为 0 时照射区域是方形，为 1 时是圆形。将"Penumbra Angle"（半影角度）调为非零的数值，照射区域将向内（负值）或向外（正值）虚化边缘；

（2）添加灯光过滤器。在聚光灯的属性编辑器里，spotLightShape（聚光灯形状节点）选项卡→Arnold→Light Filters（灯光过滤器）→Add（添加），添加"Gobo"过滤器，在 aiGobo 属性里，把"Filter Mode"（过滤器模式）改成"mix"（混合）。给"Slide Map"（滑动贴图）连接一个 Arnold 的程序纹理"aiCellNoise"，"Density"（密度）调成非零的数值。

（3）调节 aiCellNoise 纹理节点。改变 Scale 的三个轴向的值，ScaleX（缩放 X）

和 ScaleY（缩放 Y）变大，花纹会变小。Z 方向上不需要厚度，所以 ScaleZ（缩放 Z）值为 0。"Additive"（加法）前的勾去掉，纹理会变清晰。"Octaves"增大，纹理中出现细小的花纹，"Lacunarity"（间隙度）数值降低，缝隙处的纹理会撑大。"Coord Space"（坐标空间）选择"uv"。"Time"（时间）数值框里可以编写 mel 表达式，使纹理出现动画渐变效果。鼠标右键选择"Create New Expression"（创建新的表达式），输入表达式"aiCellNoise1. time = frame/100;"点击"Create"（创建），随着帧数的变化，纹理会出现缓慢的变化。

（4）创建第二个 aiCellNoise 纹理节点，将"aiCellNoise2"的"Out Color R"（输出颜色 R）连接到"aiCellNoise1"的"randomness"（随机性），"aiCellNoise2"的 ScaleX（缩放 X）和 ScaleY（缩放 Y）变大，ScaleZ（缩放 Z）值为 0，"Coord Space"（坐标空间）选择"uv"，"Additive"（加法）激活，"Octaves"增大，"Time"（时间）里创建表达式"aiCellNoise2. time = frame/100;"在随机性上加了动画后，纹理的动画效果更丰富了。

（5）创建一个"aiRange"（范围）节点，使用这个节点的目的是让纹理的黑白颜色反转，并增大对比度。将 aiCellNoise1 与 aiGobo 断开连接，aiCellNoise 的"Out Color"（输出颜色）连接到 aiRange 的"Input"（输入），aiRange 的"Out Color"（输出颜色）连接到 aiGobo 的"Slidemap"（滑动贴图）。将 aiRange 里的"Smoothstep"（平滑步长）勾上。把"Output Min"（输出最小值）数值改为 1，"Output Max"（输出最大值）数值改为 0，这两个数值改动以后就实现了原图黑白区域反色。"Contrast"（对比度）调高数值可提高纹理的明暗对比度。适当地调整"Contrast Pivot"（对比度枢轴点）、"Bias"（偏差）、"Gain"（增益），使纹理达到理想的效果。

各节点的数值设置与材质网络连接如图 63 所示。

光柱的制作思路是利用大气环境来模拟灯光雾，并设置灯光末端衰减。

在 Render Settings（渲染设置）里打开 Arnold Renderer（阿诺德渲染器）选项卡，在 Environment（环境）的 Atmosphere（大气）选项上点击按钮"Create aiAtmosphereVolume"（创建大气体积）。在 aiAtmosphereVolume（大气体积）的属性里，将"Density"（密度）改为 1，渲染可见聚光灯投射下的灯光雾效果。这个灯光雾从光源发出，直达水底地面，在传播过程中没有衰减，这是不符合真实自然界的情况的。在真实的水体中，光柱只存在于水体的上层空间。可是一旦聚光灯做了衰减，它就不能照亮水底地面，就看不到焦散效果。所以我们需要两盏聚光灯，一盏模拟水中

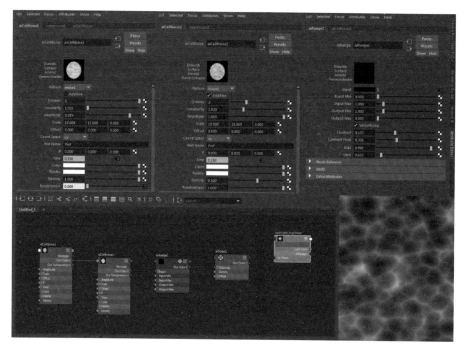

▲ 图 63 水纹焦散效果模拟

光柱，一盏模拟水底焦散，各司其职，互不干扰。

　　将 spotLight1 复制出一个带相同材质网络的 spotLight2。

　　spotLight1 用于模拟光柱，在灯光属性里的 "Light Filters"（灯光过滤器）里增加一个灯光过滤器 "aiLightDecay"（灯光衰减），把 "Use Far Attenuation"（远端衰减）勾上，不断调试 "Far Start"（远端起点）和 "Far End"（远端终点）的数值，让光柱消失在合适的位置。

　　spotLight2 只用于模拟焦散，所以它不能产生灯光雾效，在该光源的 Shape（形状）属性选项卡中，把 Arnold 区域里的 "Visibility"（可见性）中的 "Volume"（体积）改为 0，这样它就不能照亮大气体积了。

　　在渲染结果中，spotLight2 产生的影子非常清晰明确，而水体中的影子应该是模糊的，我们还要将该灯光的 "Radius"（半径）数值增高。

笔记

第 89 问   如何模拟水体中的杂质？

大型水体中含有很多杂质，所以，光线穿透水体时会被反射、折射、吸收，越来越弱。可以用大气体积或环境雾来模拟水体中的杂质对光线的影响，如图64所示。

方法一：aiAtmosphereVolume（大气体积）

在 Render Settings（渲染设置）里打开 Arnold Renderer（阿诺德渲染器）选项卡，在 Environment（环境）的 Atmosphere（大气）选项上点击按钮"Create aiAtmosphereVolume"（创建大气体积）。在 aiAtmosphereVolume（大气体积）的属性里，将"Density"（密度）改为1，将颜色调为深蓝色。创建一个面积光，从场景背景处朝向摄影机的方向进行照射。在灯光的 Arnold 属性 Visibility（可见性）中将"Diffuse"（漫反射）、"Specular"（镜面反射）等属性值改为0，灯光将不照亮物体，只对 Volume（体积）起作用。灯光亮度越高，大气效果越明显。调整灯光的颜色也会影响大气的颜色。

此方法的优点是可以将第88问中设置的光柱效果同时渲染出来，因为光柱效果也需要在大气体积环境中渲染。缺点是大气的强度只能通过灯光的亮度进行调节，可控参数太少，大气会被照射得过于明亮。

方法二：aiFog（雾）

在 Render Settings（渲染设置）里打开 Arnold Renderer（阿诺德渲染器）选项卡，在 Environment（环境）的 Atmosphere（大气）选项上点击按钮"Create aiFog"（创建雾）。在 aiFog（雾）的属性里，将"Color"（颜色）调成深蓝色，"Distance"（距离）数值越大，雾效越浓。"Ground Normal"（地面法线）定义了雾远离中心点后逐渐衰减的方向，如果要让雾效垂直向上衰减，则 Ground Normal（地面法线）数值应该为"0，1，0"。如果要让雾效在水平方向上衰减，则判断好坐标轴的方向，将 Ground Normal（地面法线）的 X 或 Z 框数值变为1，Y 为0。"Ground Point"（地面点）定义了雾效发生的位置，也就是雾效的起点。通过修改 X、Y、Z 三个坐标的位置，将起点移到场景远离摄影机的那一端。

此方法的优点是可控参数较多，可以随意调整雾的浓度、方向、位置。缺点是不能同时渲染光柱效果，需要在后期软件里与单独渲染的光柱效果进行合成。

没有设置大气或雾效

设置大气

设置雾效

▲ 图 64 模拟水中杂质

以上两种方法都是模拟宏观水体中的杂质，如果要表现微观的颗粒状杂质，可以用加了扰动场的粒子或 Paint effects 里的星系笔刷特效来实现。

第 90 问　如何渲染 Paint Effects 笔刷画出的物体？

Maya 提供了很多 Paint Effects 笔刷效果，可以方便地画出多种立体图案，但是这些图案并不是模型，所以只能在 Maya Software（软件渲染模式）下渲染，不能在 Arnold 或其他渲染器中渲染。如果我们把绘制出的笔刷图案转变成多边形或 Nurbs 物体，就可以在 Arnold 渲染器中进行渲染了。

点击 Windows（窗口）→General Editors（常规编辑器）→Content Browser（内容浏览器），打开 Content Browser（内容浏览器）窗口，在 Examples（案例）→Paint Effects 里选择一个笔刷效果，在场景里绘制图案。在 Outliner（大纲视图）中选中这个笔刷效果，点击 Modify（修改）→Convert（转换）→Paint Effects to Polygons（Paint Effects 到多边形）□，点击"□"打开"将 Paint Effects 转化为多边形选项"的编辑窗口，将 Quad output（四边形输出）勾上，其他选项采用默认值，点击 Apply（应用），Paint Effects 笔刷就转成了多边形物体，这时就可以使用 Arnold 渲染了。

需要注意的是，Paint effects 转换成多边形以后，笔刷之前自带的材质也会转成 Hypershader 可见的着色器节点网络，但这些着色器的反射、自发光等属性需要重新调整才能获得原有的效果。有的着色器我们可以通过点击主菜单 Arnold→Utilities（工具）→Convert Shaders to Arnold（转换着色器到 Arnold），将所选着色器变为 aiStandardSurface 着色器，系统会自动将原着色器连接的节点网络对应连接到 aiStandardSurface 着色器上。

笔记

第 91 问　摄影机的 Focal Length（焦距）参数怎样调节？

Focal Length（镜头焦距）是指镜头光学后主点到焦点的距离，是镜头的重要性能指标。图 65 展示了不同焦距的镜头对应的视角大小。镜头焦距的长短决定着拍摄的成像大小、视场角大小、景深大小和画面的透视强弱。

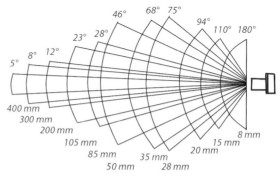

▲　图 65　镜头焦距与视角

图 66 展示了不同焦距值对透视和取景范围的影响。当在同一距离点上对同一个被摄目标进行拍摄时，镜头焦距长的所成的像大、透视感弱、景深小；镜头焦距短的所成的像小、透视感强、景深大。

50 mm 焦距的镜头被称为标准镜，与人眼的视觉效果近似。

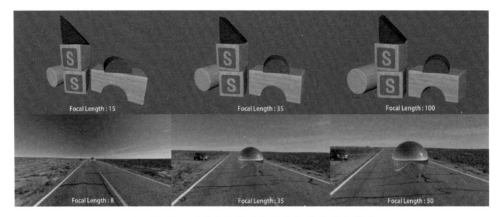

▲　图 66　不同焦距值对透视和取景范围的影响

第 92 问　立体图像的原理是什么？

把一个物体放置于眼前，分别用左眼和右眼去观察，会发现两只眼睛看到的画面是错位的，而且透视角度也有区别。物体离眼睛越近，错位感越明显。为什么会这样的呢？因为人的左、右眼相距 6～7 cm 呈水平排列，这就导致左、右眼在分别观察三维立体空间时，会产生不同透视角度的图像。人脑在处理这两幅存在立体视差的图像时，自动将它们合成一张图像并辨识出物体的空间深度信息。当一张平面图像被眼睛读取时，并不能产生立体视差，人脑也就不能辨识出空间深度信息。

人眼聚焦到某个物体时，处于焦点上的物体产生的左、右眼视差较小，物像清晰；处于焦点之前的物体，左眼看到的图像错位到右边，右眼看到的图像错位到左边，距离焦点越远两眼错位越大，物像越不清晰；处于焦点之后的物体，左眼看到的图像错位在左边，右眼看到的图像错位在右边，距离焦点越远物像越不清晰。

要产生立体视觉，图片需要满足两个条件。

(1) 图片里必须包含两个视角的信息，这两个视角与正常人眼的观察视角相符。

▲　图 67　立体图像

(2) 这两个视角信息要不受干扰地分别被两只眼睛接收。

制作立体图像,可以用专门的立体拍摄装置拍摄,该拍摄装置至少配置了两个模拟人眼的取景器,可以同时获得两个不同视角的图像。在三维动画软件中,我们可以设置两个虚拟摄影机模拟人眼,渲染出两套图片。

让眼睛分别接收图像,常用的工具有红蓝眼镜(左眼图像通过红色镜片进入左眼,右眼图像通过蓝色镜片进入右眼,利用色差来过滤图像,如图 67 所示)、偏光眼镜(左眼图像通过横偏振片进入左眼,右眼图像通过纵偏振片进入右眼)、快门式 3D 眼镜(用同步信号控制眼镜左右镜片透光频率与显示器左右眼图像显示频率一致)、裸眼 3D 技术(利用各种显示屏技术使人眼可以直接从显示屏上分离出左右眼图像)。

笔记

第 93 问   如何使用 Maya 软件制作立体图像？

使用 Maya 软件制作立体图像步骤如下：

（1）在主菜单上点击 Create（创建）→Cameras（摄影机）→stereoCamera（立体摄影机），场景中会出现三个虚拟摄影机，左边的摄影机模拟左眼，右边的摄影机模拟右眼，中间的摄影机可以看到图像融合的视角。

（2）在面板菜单 Panels（面板）→Stereo（立体）→stereoCamera（立体摄影机），面板视角会变成立体摄影机视角。这时面板菜单会出现一个新的菜单项"Stereo"（立体），只有当视角转换成立体摄影机时才会出现该菜单项。点击 Stereo（立体）→Anaglyph（立体图），视窗将变成红蓝图像。红色图像代表 stereoCameraLeft（左侧立体摄影机）拍摄的左眼图像，蓝色代表 stereoCameraRight（右侧立体摄影机）拍摄的右眼图像。

（3）在 stereoCamera（立体摄影机）的属性里，"Interaxial Separation"（轴间分离）已预设为成人两眼宽度值 6.35 cm，可对该数值进行微调。"Zero Parallax"（零视差）定义了左右眼图像完全重合的位置，即视线焦点的位置。距离小于零视差的物体看起来会凸出屏幕，距离大于零视差的物体看起来会凹陷入屏幕。想要直观地调整零视差数值，可以把"Stereo Display Controls"（立体显示控制）区域里的"Zero Parallax Plane"（零视差平面）激活，这时视窗里会出现一个橙色的半透明平面，指示了零视差平面的位置。修改零视差数值，橙色平面会即时更新，这样一来就可以直观地调整零视差参数了，如图 68 所示。

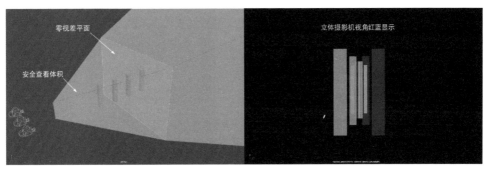

▲   图 68   立体摄影机

（4）把"Stereo Display Controls"（立体显示控制）区域里的"Safe Viewing Volume"（安全查看体积）激活，左、右立体摄影机视域相交的部分会变成半透明的蓝色，要确保拍摄的物体始终处于安全查看体积的范围内，物体才能正确显示立体效果。

（5）渲染立体图像序列，参见"第96问 如何渲染图片序列"，在 Render Settings（渲染设置）里要将"Renderable Camera"（可渲染摄影机）选择为"stereoCamera"[Stereo Pair（立体对）]，在主菜单【Rendering（渲染）】Render（渲染）→ Render Sequence（渲染序列）□，点击"□"设置"Current Camera"（当前摄影机）为"stereoCameraCenterCamShape"（立体摄影机中间摄影机形状）。点击"Render Sequence"（渲染序列）开始渲染，将在指定的项目文件夹 images 里创建 stereoCamera 子文件夹，左、右摄影机渲染的图片都保存在该子文件夹里。

笔记

第 94 问　如何在摄影机参数中设置 DOF（景深）效果？

在聚焦完成后，焦点前后的范围内所呈现的清晰图像的距离，这一前一后的范围，便叫作景深（DOF）。景深效果是指在聚焦范围内的物像是清晰的，在聚焦范围之外的物像会虚化。

选中渲染用的 camera（摄影机），打开属性编辑器，在 Arnold 区域里勾选"Enable DOF"（启用景深），就启用了摄像机的景深。"Focus Distance"（聚焦距离）控制焦点到摄影机的距离；"Aperture Size"（光圈尺寸）数值越大，物像虚化程度越大。

Focus Distance（聚焦距离）数值难以估计，我们可以利用 Object Details（对象详细信息）来获取需要聚焦的物体到摄影机的距离。

在主菜单 Display（显示）→ Heads Up Display（题头显示）中勾选"Object Details"（对象详细信息），选中需要聚焦的物体［也可以创建一个 Locator（定位器）放置到要聚焦的位置］，视图面板右上角就会出现该物体（或 Locator）的详细信息。其中"Distance From Camera"（与摄影机的距离）对应的数值就是物体中心到摄影机的距离。我们把这个数值赋予 camera（摄影机）的"Focus Distance"（聚焦距离），渲染时就能将这个距离值形成的平面作为聚焦平面。

注意： 打开 DOF（景深）后渲染时间会成倍增加，而且在模糊处会出现很多噪点，需要增加摄影机（AA）采样数来降噪。

笔记

第 95 问　如何用 Z 深度通道合成景深效果？

第94问介绍了用DOF（景深）渲染场景的景深效果，这种方法的优势是参数少、步骤简单；劣势是渲染时间太长，不能直观地根据效果实时修正参数。

现在给大家介绍如何利用带深度信息的图片在后期软件中合成景深效果的方法，这种方法与上一种方法正好相反。优势是渲染时间短，修正参数更直观；劣势是步骤复杂。

制作步骤简单概括是这样：渲染一张没有景深效果的图片→渲染一张带深度信息的图片→将两张图片在 Photoshop 里进行合成。如果是动态镜头，就渲染图片序列，在 After Effects 等后期特效软件里进行合成。

带深度信息的图片制作方法：

（1）在 Hypershade（材质编辑器）里创建一个 "aiStateFloat"（状态浮点）节点，把属性里的 "Variable"（可变性）改为 "RI"（Ray Length，光线长度）。这样设置以后，渲染时会返回画面上每一个像素点与摄影机的距离值，也就是深度信息。

（2）在 Hypershade（材质编辑器）里创建一个 "aiRange"（范围）节点，将 "aiStateFloat"（状态浮点）的 "Out Transparency"（输出半透明）属性连接到 aiRange（范围）的 "Input"（输入）。aiRange 的 "Output Min"（输出最小值）代表离摄影机最近的像素点的颜色，"0" 值表示黑色；aiRange 的 "Output Max"（输出最大值）代表离摄影机最远的像素点的颜色，"1" 值表示白色。深度信息图片就是由黑白灰颜色表示，离摄影机越近的地方颜色越黑，离得越远的地方颜色越白。我们所需要设置的数值就是 "Input Min"（输入最小值）和 "Input Max"（输入最大值），将近端的物体的数值输入 "Input Min"，将远端的物体的数值输入 "Input Max"。我们可以通过创建 Locator（定位器）来获得这两个数值。在主菜单 "Create"（创建）里点击 "Locator"（定位器），创建一个定位器。先把定位器放在摄影机前面的近端，读取 "Object Details"（对象详细信息）里的 "Distance From Camera"（与摄影机的距离）数据 [Display（显示）→Heads Up Display（题头显示）→Object Details（对象详细信息）]，将该数据填入 aiRange 节点的 "Input Min"（输入最小）数值框里；再把定位器放到场景的远端，将 "Distance From Camera"（与摄影机的距离）数据填入 "Input

Max"（输入最大值）数值框。这两个数值定义了该场景的深度范围，Locator 定位器摆放的位置不一样，形成的深度信息就不一样。勾选"Smoothstep"（平滑步长），这样渲染出来的黑白图片将具有柔和的渐变。

含深度信息的图片

无景深的图片

合成景深效果

▲　图 69　Z 深度通道合成景深效果

（3）在 Hypershade（材质编辑器）里创建一个"aiUtility"（工具）节点，把 aiRange（范围）的"Out Color"（输出颜色）连接到 aiUtility（工具）的"Color"（颜色），把 aiUtility（工具）的"Shade Mode"（着色模式）改为"flat"（平的）。

（4）将场景里的所有物体全部赋予该 aiUtility（工具）着色器，隐藏灯光，渲染得到一张黑白图片。近处的物体呈黑色，远处的物体呈白色，中间的物体呈灰色。

（5）用 Photoshop 打开正常渲染的无景深的图片（非 exr 格式），在"通道"面板中新建一个"Alpha"通道。将之前渲染出的带深度信息的黑白图片粘贴到这个通道里。选择"RGB"通道，在主菜单上选择"滤镜"→"模糊"→"镜头模糊"，在"镜头模糊"编辑界面将"源"改为"Alpha1"。"模糊焦距"滑块可以直观地调节焦距值。随着该数值的变化，焦距点在图片的深度空间中移动，清晰和模糊的位置出现变化。"半径"滑块可以调节模糊的程度，数值为 0 时没有景深模糊效果；数值越大，焦距以外模糊程度越强。

笔记

第 96 问　如何渲染图片序列？

打开 Render Settings（渲染设置），查看 "Common"（公共）选项卡，在页头会显示 Path（保存路径）、File name（文件名）、Image size（图片尺寸）。首先确认图片保存的路径是否符合要求，如果保存路径不正确，则需要在主菜单的 File（文件）→Set project（设置项目）里进行项目文件夹的设置。

"File name prefix"（文件名前缀），该字符串定义了图片序列除序号以外的文件名称，如果不输入，则自动应用场景名称作为文件名前缀。

"Image format"（图片格式），常用的图片序列格式有 exr、tif、jpeg、png 等，每种图片格式的特点见 "第 61 问　Maya 支持哪些图片输出格式？"

"Frame/Animation ext（帧/动画扩展名）"，选择 "name. ♯. ext"，则图片名为 "文件名前缀. 序号. 图片格式后缀"，如 "tree. 001. png"。

"Frame padding"（帧填充），其数值表示序列号的位数，如 "2" 表示序号显示为 01、02、03…… "3" 表示序号显示为 001、002、003……

"Frame Range"（帧数区间），"Start frame"（开始帧）定义图片序列的起始帧数，"End frame"（结束帧）定义结束帧数，"By frame"（帧数）定义每几帧动画渲染一张图片。

"Renderable Camera"（可渲染摄影机）可指定渲染使用的摄影机。"Alpha channel (Mask)"［Alpha 通道（遮罩）］勾上将渲染带 Alpha 通道的图片。"Depth channel (Z depth)"［深度通道（Z 深度）］勾上将渲染带 Z 深度通道的图片。

"Presets"（预设）下拉列表里可以选择图片尺寸的预设值。"Maintain width / height ratio"（保持宽度/高度比率）勾选时，修改宽度或高度数值，另一个数值会按比例自动变化。"Width"（宽度）、"Height"（高度）可手工输入图片尺寸值。"Size units"（大小单位）定义尺寸单位。"Resolution"（分辨率）定义分辨率。

将模块选到 "Rendering"（渲染），在 "Render"（渲染）菜单里选择 "Render Sequence"（渲染序列），将开始逐帧渲染图片序列。如果使用盗版的 Arnold 将不能使用 "Batch Render"（批渲染），渲染不能放到后台进行。

注意： 如果渲染出的图片不是之前设置的可渲染摄影机的视角，例如打算渲染

"top"（顶视图）摄影机视角，结果渲染出的图片却是"persp"（透视图）摄影机视角。解决方法是打开"Render View"（渲染视图），用"top"（顶视图）摄影机渲染当前帧，当渲染启动后可以按"ESC"暂停，然后再依照前面的步骤渲染图片序列，就能渲染出正确的摄影机视角了。

笔记

第 97 问　Maya 渲染的序列帧图片用什么软件查看？

　　Maya 会自动安装一个名为 "fcheck" 的执行文件，在 Maya 的安装目录下可以找到，具体路径为：安装目录盘→Program Files→Autodesk→Maya［版本号］→bin→fcheck. exe。可以给这个执行文件创建一个快捷方式放到桌面，双击打开后，依次点击 File（文件）→Open Animation（打开动画）打开图片序列帧所在的目录，选择序列帧的第一张图片，就可以将整个序列载入到 fcheck 中。如果序列帧数量较多，fcheck 需要花费一点时间将它们全部读入缓存，之后才能按 24 帧/秒的速度播放这些图片。在播放界面上可以修改帧速率，也可以查看图片的 RGB 模式、Alpha 模式和 Z 通道，如图 70 所示。

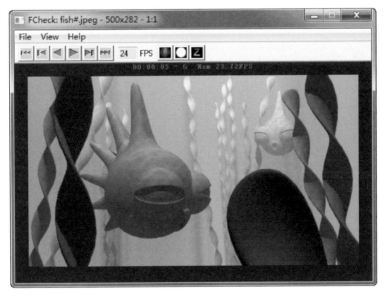

▲　图 70　FCheck

笔记

第 98 问　如何批量修改图片序列的名称或类型？

　　在 Fcheck 工具中可以批量修改图片序列的名称。方法是先点击 File（文件）→
Open Animation（打开动画）打开要修改名称的图片序列，然后点击 File（文件）→
Save Animation（保存动画），在"文件名"中输入新的名称，或重新选择保存类型，
点击"保存"按钮，Fcheck 将把整个图片序列按要求重新保存成新的图片序列。

笔记

第 99 问　如何用表达式控制图片序列的使用？

使用图片文件进行纹理贴图时，如果只需要静态贴图，就把一张图片放到 "File"（文件）节点里直接使用就可以了。如果需要动态贴图，就要连接一组图片序列，需要把 File 节点里的 "Use Image Sequence"（使用图像序列）勾上。这时 "Image Number"（图像编号）数值框变成紫色，表明被表达式控制了。

在数值框里鼠标右键选择 "Edit Expression"（编辑表达式），打开了 Expression Editor（表达式编辑器），可以看到在表达式窗口里已存在了一条表达式："file1. frameExtension = frame"。这条表达式表示当时间滑块位于第 n 帧时，file 节点将从图片序列里读取序列号为 n 的图片。如果图片序列的图片数量足够多，直接用这个表达式是没有问题的。但如果图片数量较少，那么当帧数值大于图片序列号时就取不到值了。

例如：我们有一组图片序列的序列号是 01～10，对应着帧数 1～10，当时间滑块运行到第 11 帧之后就没有对应的图片了，所以上面那个自动生成的表达式不足以应对这种情况，需要手动修改。把表达式改为 "file1. frameExtension = frame%10 + 1"，"%" 的含义是取余数，也就是帧数除以 10 取余数，再加 1。

当 frame = 1 时，file1. frameExtension = 2；

当 frame = 2 时，file1. frameExtension = 3；

……

当 frame = 9 时，file1. frameExtension = 10；

当 frame = 10 时，file1. frameExtension = 1；

当 frame = 11 时，file1. frameExtension = 2；

当 frame = 12 时，file1. frameExtension = 3；

……

可以看到每一帧都能取到图片序列里的一张图片，而且是按顺序依次循环取值。

当为某个数值编写表达式时，要把各种极端情况都考虑进去，带入数字计算看能不能得到理想的结果。表达式并不是唯一的，但应尽量简洁。

第 100 问　用 MEL 语言编写表达式时有什么基本的知识点需要掌握？

　　MEL 语言是 Maya 的核心脚本语言，稍有编程基础就可以很容易掌握它。除了 Maya 的插件以外，所有的操作都可以在 Script Editor（脚本编辑器）窗口中用 MEL 语言来描述。

　　作为初学者，我们不会深入地使用 MEL 语言去开发插件，但需要了解一些基本知识，这样才能编写简单的表达式去控制一些参数的变化。表达式较多地运用于动画领域，它能使属性与时间建立关系来产生动画效果，或者建立属性与属性的联系来达到用一个属性控制另一个属性的目的。

　　以下是 MEL 语言的基本知识点。

　　1.　注意事项

　　所有名称都区分大小写；变量名称前必须加 "$"，必须以英文字母开头，后面可以出现下划线和数字；每个 MEL 语句都应使用分号 ";" 结束，在多数情况下，这是绝对要求。

　　2.　时间变量

　　"time"，单位是 "秒"；

　　"frame"，单位是 "帧"。

　　3. "="和"=="

　　"="是赋值操作符，表示 "=" 号右边的值赋给左边；

　　"="是 "等于" 的意思，判断左右两边的值相等。

　　4.　数学运算符

　　"+" 代表加法；

　　"-" 代表减法；

　　"*" 代表乘法；

　　"/" 代表除法（得数的小数部分四舍五入，0.1-0.4 按 0 计，0.5-0.9 按 1 计）；

　　"%" 代表求余数。

5. 自定义变量类型

"float"：浮点型变量，就是带小数点的数；

"int"：整数型变量，就是不带小数点的整数；

"string"：字符串变量，就是一串字符，数字在这里也是当字符来看；

"vector"：向量变量，是三个浮点数，以逗号分隔，并由≪和≫包围。

6. 条件语句

if（条件1）｛

    语句1；

    语句2；

｝else if（条件2）｛

    语句3；

    语句4；

｝else｛

    语句5；

    语句6；

｝

7. 关系运算符

"＜"表示小于；

"＞"表示大于；

"＜＝"表示小于等于；

"＞＝"表示大于等于；

"＝＝"表示等于；

"！＝"表示不等于。

8. 逻辑运算符

"＆＆"表示"与"，两个条件必须同时满足才能成立；

"｜｜"表示"或"，有一个条件满足即成立；

"！"表示"非"。

9. 布尔值

"1"表示"true"；

"0"表示"false"。

10. 快捷操作符

"＋＝""－＝""＊＝""／＝""％＝""＋＋""－－"均是在自身的基础上进行计算。

11. 打印语句

print（"字符串"）。

12. 算术函数

abs（ ），返回括号中的数的绝对值；

ceil（ ），返回比括号中的数大的最小整数；

floor（ ），返回比括号中的数小的最大整数；

trunc（ ），返回括号中的数的整数位；

min（ ），返回括号中的两个数比较后较小的数；

max（ ），返回括号中的两个数比较后较大的数；

sign（ ），返回括号中的符号，正数返"1"，负数返"－1"，零则返回"0"；

clamp（min，max，parameter），求范围，当 parameter 小于 min 时返回 min，当大于 max 时返回 max，在 min 和 max 之间时则返回其自身。

13. 指数函数

exp（ ），求衰减系数"e"的多少次方，e＝.718；

pow（x，y），求 x 的 y 次方；

sqrt（ ），求开平方；

log（x），求 x 是 e 的多少次幂；

log10（x），求 x 是 10 的多少次幂；

hypot（x，y），勾股定理。

14. 随机函数

noise（ ），返回一个介于－1 到 1 之间的随机数；

rand（ ），返回选择范围内的随机浮点数或向量；

seed（ ），固定随机函数。

笔记